时代英雄谈人生系列丛书 ·

XUN
TIAN
DAO HAI

白耀平 著

巡天蹈海

XUN TIAN DAO HAI

解放军出版社

图书在版编目(CIP)数据

巡天蹈海 / 柏耀平著. —北京:解放军出版社,2010.1

(时代英雄谈人生丛书)

ISBN 978-7-5065-6000-9

Ⅰ. ①巡… Ⅱ. ①柏… Ⅲ. ① 柏耀平—自传 Ⅳ. ①K825.2

中国版本图书馆 CIP 数据核字(2009)第 233297 号

书　　名:巡天蹈海

作　　者:柏耀平
选题策划:郑　晖　李　杰
责任编辑:季　宁　刘善兴
特约编辑:周　鸣　廖玲浦
封面设计:北京兰博 · 纪泽旭
图　　片:文中图片均由作者本人提供
出版发行:解放军出版社
社　　址:北京市西城区地安门西大街 40 号　邮编:100035
电　　话:66531659
E-mail:jfjwycbs@public.bta.net.cn
经　　销:全国新华书店
印　　刷:海军政治部印刷厂
开　　本:787 毫米×1092 毫米　1/16
字　　数:154 千字
印　　张:13.75
版　　次:2010 年 1 月第 1 版
印　　次:2010 年 1 月北京第 1 次印刷
书　　号:ISBN 978-7-5065-6000-9
定　　价:23.00 元

目 录

拥抱大海

人生自述

我不是英雄，只是一名普通军人。

1980年7月高中毕业，我参加招飞，入伍到地处长春的空军飞行预备学校，完成了从青年学生到军人的转变，并为以后的飞行训练奠定了坚实的政治、文化和身体基础。这个转变是痛苦与欢乐、汗水与泪水相伴的。练单杠，手掌上的皮一块块掉；跑万米，脚累得连路都走不动。皮掉了继续练，脚肿了继续跑，身体各部位的肌肉都经过多次洗礼和再生。年轻的身体和充满活力的肌肉经过千百次洗礼和再生，我不但具备了一名优秀飞行员的强健体魄，同时也储备了飞上蓝天所需的顽强作风。

含着泪水告别预校去新疆哈密航空学院，是一次真正的远行。从东北到西北，三月的东北大地白雪皑皑，进入关内，残雪消融后露出了黄土地，而中原大地则泛出了青绿色，只是很快被黄土高原所取代，过嘉峪关，映入眼帘的是一望无际的浩瀚沙漠和茫茫戈壁。抬头望，蓝天万里无云，真是飞行训练的好地方。

经过4个月的理论学习，我终于坐进了梦寐以求的飞机驾驶舱。起飞降落是最基本的也是难度最大的课目。可就在一切顺利时，我却发生了顽固的视觉偏差，凭着对蓝天的执著向往，我终于克服了这一偏差，第一批放了单飞。祖国的领空神圣而壮丽。我在蓝天白云间飞翔，放飞着理想，领悟着一个空中卫士的使命和责任。

整整三个春秋，1000多个日日夜夜，从驾驶螺旋桨飞机到操纵喷气式飞机，从一次次起落到高难特技、编队，当初的“蛹”化作美丽的“蝶”。

1983年7月，我从飞行学院毕业，被分配到海军东海舰队航空兵某部服役，成了一名真正的海空卫士！

正当我踌躇满志，准备在祖国万里海空展翅翱翔的时候，出了一个小小的意外，因患泌尿系统结石，我无法参加飞行。如果动手术就可能面临永久的停飞，这是我心情最郁闷的一段时光。

雏鹰展翅初折翼，岂能让痛苦和郁闷折断翱翔蓝天的理想，我发誓排除“拦路虎”，不断加大运动量，最终依靠身体的振动和积极的治疗把结石排出来，如愿再次飞上蓝天。

两年后，面临着第二次分配，我毫不犹豫地选择了去战斗部队。空中格斗训练中，我紧紧咬住“敌机”，换了四架“敌机”都没能把我甩掉；一天飞行四个空战课目，这是我飞行生涯中最累的一次。一次长机把我驾驶的僚机逼着带坡度起飞，这是我飞行生涯中最危险的一次。雁荡山低空飞行训练，这是最刺激的一次。飞行中，我和战友们经历了各种危险和生死考验，我的同学、我的中队长、我的副大队长等战友先后在飞行中牺牲，战友的牺牲考验着我的意志、毅力和胆略，历经危险和艰辛，我如愿以偿参加了战斗值班。

飞过四种机型，有了三种气象飞行能力和600个小时的飞行

时间，艰险已经超越，翅膀已经练就，24岁的我成为一名成熟的飞行员。我视飞行为第二生命，继续飞下去，无疑前途广阔。

就在这时，海军广州舰艇学院举办飞行员舰长班的消息传到部队，在情感上我难以离开心爱的战机，有必要去重新开始，从事一项同样充满风险和挑战的事业吗？这注定是一次情感和理智的双重洗礼。蓝天和大海，在心中升沉；历史和现实，在眼前重叠。在军人抉择的天平上，祖国的需要永远是至高无上的砝码！

我选择了挑战，选择了去新的未知领域闯荡和锻炼。

1987年8月26日，我正式到广州舰艇学院报到。从这一天起，我的眼前展开了一个全新的世界。

从空中到海面，需要重新学习30多门课程。入学时，我的总评成绩是第三名。毕业时，我总评第一。在单科成绩中，几乎一半的课程我都是第一名，海校三年半的学习为我驾驶军舰驰骋万里海疆打下了坚实的基础。

先任“淮南”舰副舰长。尽管在院校学习了不少理论，可真的到了军舰上，才发觉自己的差距很大。从最基本的缆绳、水鼓到《舰艇条令》；从水兵管理到舰长口令；从武器装备到训练大纲，一切都要从头学。向老舰长学，向每一个水兵学，向大海学。

春华秋实，一点一滴的积累，不耻下问，收获是丰富的。31岁那年，我成为“铜陵”舰舰长，从此，我和“铜陵”舰连成了一个生命体。训练、出访、数十次重大演习任务、多次接受军委首长视察……我和“铜陵”舰出色地完成了各项任务。与美国、俄罗斯、意大利、英国等11个国家的海军有过接触，连续三年被评为基层达标先进舰。

1997年3月，我和“铜陵”舰随海军编队出访南亚三国，离开菲律宾往西航行时，正好是大洋上的黄昏时刻，海面是金色的，又大又红的太阳就顶在前面指挥舰的桅杆尖上，像航行在童话里，美丽极了。

当飞行员，我把蓝天视为自己的第二生命；驾驶军舰出航，我像爱蓝天那样情移大海。我把那一望无际的万里波涛看做自己永恒的精神家园。

不久，我又到“南京”舰任舰长。这对我又是一个挑战。军舰在厂维修时间长，操作人员新，装备故障多，数年没有被评为达标先进单位，状况很不好。经过我和战友们艰苦的努力，不到半年，该舰在装备管理上成为单位的观摩样板舰。在当年的演习中，圆满完成任务。一系列的成绩改变了大家对该舰的印象，年底舰队组织全训考核时，“南京”舰取得了全舰队的第一名，终于被评为了达标先进舰。三年的同舟共济，我和“南京”舰上的官兵结下了深厚的情谊。

军舰靠岸的时候，我喜欢爬山。我常常在定海的竹山流连忘返。山上纪念馆里记载着一段悲壮的历史：1840年10月英军攻陷定海。葛云飞、郑国鸿、王锡朋三总兵率领守军奋勇抗击，相继壮烈殉国，5000名将士全部为国捐躯。在山顶，望着如同三把剑一样刺向天空的纪念碑，想起第一次鸦片战争中为国捐躯的先辈，我的目光总会投向远处那波涛汹涌的大海，大海深处是浩瀚的太平洋，100多年来帝国主义列强入侵中国大多是从海上来的，军人的责任也在这样静静的眺望和沉思中加深。

正是在这样的责任感驱使下，我珍惜工作的每一天，珍惜每一次任务，珍惜国内的培训和国外的留学，希望多学到知识以增

强素质，希望以出色的工作来报效祖国。

现在，我任某部队副部队长，负责国产新型战舰的组建、训练、试验、试航等工作，每年我都要北上黄海、渤海，南下广东、海南。我指挥军舰驰骋在祖国的万里海疆，试航，训练，巡逻，演习，南来北往中我始终坚持在一线作战部队，挑战与使命同在，危险与激情并存。

我为我的祖国有3.2万公里的海岸线而自豪，我为我的祖国有300万平方公里的蓝色国土而骄傲。每当我率领编队驶向大海，每当我登上驾驶台的时候，我心中总有一种神圣的使命感在激荡：太平洋还不太平，台海地区还有不测风云，我们的海军还不够强大，维护祖国领海安全，构建和谐海洋，任重而道远！

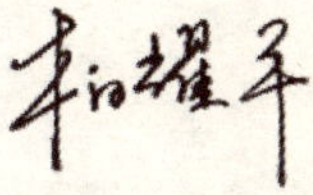

飞向蓝天

每一个清晨，当我拎着头盔走过机场的草坪，心情都是愉悦的。我欣赏七彩的阳光和漫天的飞霞，甚至一棵无名小草举着的露珠，在我的眼里都是那么可爱。我爱花、爱草、爱大自然的一切，更爱机场、战鹰和身边的战友。

好男儿就应该当兵去！

都说性格决定命运，我的性格中带着些倔强因子，在去与不去的天平上，这些倔强因子为“去”的一边加重了砝码。

何以走上从军路？之前我没有仔细想过，之后也没有后悔过。人生或许就是这个样子，无数的偶然中孕育着必然。

1980年5月，我即将高中毕业。一天，学校突然来了个通知，说空军要在本届高中毕业生中招收飞行学员。突如其来的机会摆在面前，我的脑海里一下子涌入许多关于军人、关于空军飞行员的画面。伴随这些画面，一个个关键词相继闪现：英武、强大、豪迈、雄浑等等，这些充满阳刚气息的关键词足以将一个十八岁男孩的激情点燃。我浑身的血液沸腾了，没有多想，便兴奋地报了名。

经过区、市各级十分严格的体检、文化考试和智力测验，我们学校只有两个人荣幸地闯过了一道道近乎苛刻和挑剔的关口，我便是其中之一。

然而，周围不少人却对我参军表示异议。

1980年，是党和国家将工作重点转入经济建设轨道后的第三年，是大学恢复实行直接升学考试后的第四年。此时考大学、干经济工作已经成为大多数学生及其家长的第一选择。虽说一人当兵，全家光荣，但参军热在不知不觉中降了温。去还是不去，成了我不得不面对的第一个人生抉择。

就在这时，另外一名同学放弃了这个来之不易的机会。他放弃的原因除了高考情结，还有对飞行员职业的畏惧。是啊！自从我们报名招飞，就有不少关于这个职业既辛苦又危险的信息从不同渠道传来。那么，我是不是也应该像他那样选择放弃呢？都说性格决定命运，我的性格中带着些倔强因子，在去与不去的天平上，这些倔强因子为“去”的一边加重了砝码。于是，我毫不犹豫地选择了走进军营，而且选择的是淘汰率极高、风险极大的飞行事业。对此，父亲深沉地说了三个字：“应该去！”

少年不知愁滋味。接到招飞录取通知后，从不知发愁的我开始感受到离开学校走向社会的一种未知的压力，但也伴着飞上蓝天的憧憬和豪情。它们在我胸中激荡着，碰撞着，令我产生莫名的兴奋。

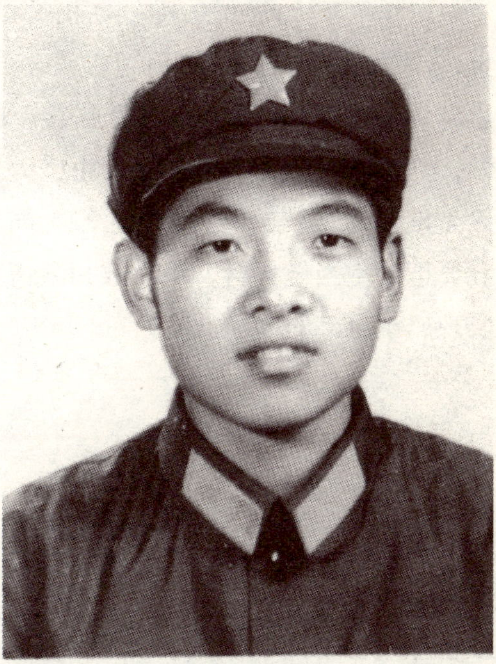

穿上新军装

我独自爬小山坡，站在山顶，一边幻想着蓝天的美妙与神奇，一边默默地和家乡道别。远处的淮河如丝带般蜿蜒，山脚下著名的淮南煤矿与外来侵略者留下的“万人坑”依稀可见。这里，离我当时就读的淮南市第十五中学不远；这里，我多次聆听老师进行的抵御外敌侵略、保卫国家资源的爱国主义教育。

后来我从教科书上了解到，我国辽阔的海域蕴藏着比淮南煤矿更多更重要的石油资源；而1974年发生的西沙海战则使我知道至今仍有许多属于我们国家的海洋国土和资源被他国霸占和掠夺。也许是未来的路与国家利益紧密相关吧，这些断想仿佛在提醒我这个即将远行的青年，记住家乡的美好和曾经遭受过的耻辱，用自己的青春与热血去描绘保家卫国、履行使命的人生画卷。

1980年7月5日，正是高考的第一天，我穿上崭新的军装告别父母，告别家乡，登上北去的列车。许多同学为我放弃考大学的机会感到惋惜，我却为我的选择而自豪：或许将来我的同学们走出大学，走向社会，成为各行各业的中坚力量，最大限度地实现自己的人生价值；而穿上军装守卫蓝天的，同学中却只有我柏耀平一人！我要把天空当做舞台，用勇敢和激情上演一出精彩的人生活剧，实现属于自己的人生价值！

闯过第一关

人,有时候真的是一种由信念和韧性支撑的动物,只要信念不倒,就可以爆发出无限的潜能。而这种高强度的集中训练,能够在短时间内,将人打造成钢铁之躯。

1980年7月8日,带着满腔的豪情壮志,经过三天三夜的火车颠簸,我来到位于东北重镇长春的某飞行预备学校。我的蓝天梦就要从这里起飞了!

8个月时间,我们将完成从老百姓到军人的转变。我暗下决心,这个转变一定要完成得彻底、漂亮。8个月后,我将以一个合格军人的姿态站在军旅人生的起跑线上。

在预校,我们的主要任务是学习、训练,学航空基本理论知识、军队条令条例和各项规章制度,上文化课、政治教育课,每天还要进行大强度的身体锻炼和出操列队训练等等。

从我们迈入预校的第一天,就有一个残酷的现实在等待着我们——淘汰。这是谁都不愿接受却又必须正视的。和我一起入校的

130名生龙活虎、体壮如牛、好胜心极强的小伙子们心里都十分明白，虽然走进了航空学校，然而离飞机的驾驶舱还远着呢，在走向驾驶舱的过程中将会出现第一批“倒霉蛋”，而我们，谁也不愿成为这支队伍中第一个落伍者。

要想不被淘汰，就必须事事争先，每一项学习任务都必须拿出优异的成绩来证明自己。这时候我才知道，飞上蓝天，光凭豪情壮志是远远不够的。入伍之初的浪漫想象遭遇现实冲击，要么消沉，要么奋起，与生俱来的倔强因子再次发挥作用，我选择后者，及时调整心态，迎难而上。

这8个月的训练，不仅仅是身体的锻炼，更是意志的考验；这8个月的学习，不仅仅是知识的积累，更是品质的检验。为了练爆发力，我们每天早晨起床后的头一件事，就是对着一个山坡练冲刺，大家喊着叫着，一遍遍往上冲，1500米，2000米，5000米，10000米……我和大家一样，一遍遍往上冲。

后来我想，要比别人好，和大家一样是不够的，必须比别人更努力。我一次次加班练，但每一次加班，都有一批和我想法一样的人在冲刺。是啊！谁都明白不能落后，谁落后就意味着成为淘汰候选人。刚去的时候是夏天，练到大汗淋漓、浑身湿透是稀松平常的事。冬天来了，大雪纷飞，呵气成霜，我们的衣服依然从里湿到外，头顶上汗水蒸腾出的热气在东北寒冷的空气里氤氲，成为一道别致的风景。没有人叫苦，大家甚至还互相打趣，以谈笑方式淡化激烈的竞争气氛。

晚上有些项目不能练，但还是有很多人自觉加班。我知道，大家都不想成为第一个被淘汰的人，我更不会。于是，在疲惫到想要瘫倒的时候，我总是咬紧牙关，挺住。人，有时候真的是一种由信念

和韧性支撑的动物，只要信念不倒，就可以爆发出无限的潜能。而这种高强度的集中训练，能够在短时间内，将人打造成钢铁之躯。

单杠训练，手上的皮稍有不慎就会被撕掉一大块，血淋淋的，洗东西时被肥皂刺激，疼得钻心。但是下一次训练，还要咬牙攀上去，在没有愈合的伤处增添新的“战绩”。胳膊红肿疼痛，疼过了又肿，消肿了继续练，就这样，身体各部位的肌肉在经过多次撕裂和再生后，渐渐结实强健起来，意志品质也在反复磨砺中渐渐坚强成熟起来。

8个月下来，每个人的进步都非常大，比如单杠，入学的时候大家只能做两三个，而到毕业的时候，最少的也能做20到30个。8个月的体能训练，为我们将来学习飞行技术打下了良好的身体素质基础。

体能训练如此，航空理论、条令条例、政治学习等，大家就更是你追我赶、争先恐后了。

8个月后，决定命运的时刻到了。经过体能测验、理论考试、智力和心理测验，有30个小伙子的“蓝天梦”破灭了。这些男子汉在得知被淘汰的现实后，都是用泪水来告别这支朝气蓬勃的队伍的。

而我，则幸运地闯过了第一关。那座练习冲刺的小山坡，见证了我的战友们离去的泪水，更见证了我日益坚强的意志和强壮的身体，见证了我在军营中的最初成长。

大漠寻梦

> 在这里，最令人难以忍受的是恶劣异常的沙漠气候——干冷、酷热、大风沙。它们像恶魔一样考验着在淮河岸边长大的我的青春热情和理想意志。

预校毕业后，我被分配到新疆某航空学院正式学习飞行。这所学院地处哈密，是一所与人民空军同呼吸共命运的学院，有着悠久而光荣的院史。据说，1938年我人民空军第一批飞行骨干就是从这里起飞的。因此，我也把这里当做我起飞的摇篮——这个摇篮不是呵护婴儿的襁褓，而是锻炼雄鹰的熔炉。

含着泪水告别预校，告别朝夕相处的兄长般的中队长与区队干部，我和同行的战友坐着火车一路往西走。这是一次真正的远行。我的心情十分激动，火车每行进一公里，我都觉得离飞上蓝天的梦想又近了一步。

出发时，我们在长春车站买了不少冻梨，大家一路走，一路嘻嘻哈哈地吃着冻梨，憧憬着未来，把各自想象中巍峨的天山、无边的大漠描述一番；把美味的哈密瓜、葡萄干、羊肉串空口品尝一遍；

当然忘不了赞美能歌善舞的维吾尔族姑娘，充满了乐趣。

我们在北京停留休整了4个小时，然后继续西行，到达西安。在西安停留了2个小时，我们的车厢便与客运列车分离，被挂在货车的后面。

这时我才感觉到我们这些人是和普通旅客不一样的人，换句话说，是些特殊的人。这节被挂在货车后面的特殊车厢将把我们这些特殊的旅客带到一所特殊的学校，接受许多特殊的训练，然后成为守卫共和国领空的特殊人才。一种神圣而庄严的感觉在我心中油然而生。相信同伴们也和我的心思一样，车厢气氛严肃起来。

火车继续西行。这一路，整整走了6天6夜。我有生以来第一次看到许多壮丽的风光。从东北出发的时候还是皑皑白雪，临近北京，就看见了黄土地，再走，土地的颜色又变成了黑色，并出现了久违的嫩绿，但很快就进入了黄土高坡，最后是棕色的茫茫戈壁滩和黄色的浩瀚沙漠。越往西走，看到的景色越单调，任何吸引眼球的东西，都会让同行的人们热闹一阵子，大家全都挤到窗口，伸长脖子探望。

在千里戈壁滩上，我见到了一处古长城遗迹。这些长城都是用黄土夯成的，千百年来屹立不倒，有一种苍凉的气息，不由得让人遐想古时候边关将士驻守在戈壁的情景。旌旗猎猎，瀚海阑干，豪气干云，那气势是何等的壮阔啊！后来，我们还看到了荒漠中的哨所和站岗的战士，大家都觉得很亲切，就从窗户里向他们招手致意。

无论是古代镇守边关的将士，还是现代戍边卫国的战士，我对他们都怀有深深的敬意。

以前，这种敬意很朦胧，而现在变得很具体，因为我即将成为他们中的一员。不同的是他们的战场在地面,我的战场在天空。我将在蓝天白云之中为祖国站岗放哨,我和他们有着同样的豪迈情怀,同样能获得人们的崇敬!

火车终于停下来时,到了一个“小站”。说是车站,其实就是在荒无人烟的戈壁滩上用篱笆圈起来的一块地方。湛蓝湛蓝的天刚露出鱼肚白,我们看到车站附近有几名穿着民族服装的维吾尔族妇女,旁边还有毛驴车。这情景如同一个明显的地域符号,它告诉我们:新疆到了。

美丽的新疆是我国年降水量最少的地区,大漠腹地,寸草不生;千里戈壁,荒无人烟。这儿的天空万里无云,气象条件对飞行十分有利。与世隔绝的自然条件也使新疆航校成为新飞行员最好的训练场。

千里大戈壁,地图上标的什么“一碗泉”、“十三间房”,到了空中根本找不到。为什么?就是因为这些地方太小了。地名的由来也很简单,这里过去曾经有几间房子,就叫“十三间房”;那里有一眼出水量很小的水井,就是“一碗泉”。可是从高空看下去,什么也看不见。显而易见,这样的地理环境对飞行员地标识别能力是一个极大的挑战。

在这里,最令人难以忍受的是恶劣异常的沙漠气候——干冷、酷热、大风沙。它们像恶魔一样考验着在淮河岸边长大的我的青春热情和理想意志。

首先是干燥。干燥到什么程度?每天起床,洗脸的时候用毛巾一擦脸,毛巾上就粘上血——鼻子出血了。后来我总结出经验,不能按正常的程序洗漱,必须在洗脸之前先捧起水往脸上泼,再用手轻轻地揉鼻子,让凉水浸润鼻腔,使鼻粘膜湿润,直到不痛了,才能

用毛巾擦。否则，一不小心，被干燥的空气“烘烤”了一夜的鼻粘膜就会破裂，鲜血便会止不住地往外流。

其次就是酷热。夏天刮热风，就像空气着了火，不敢深呼吸，到处是又燥又热的感觉。灼热的太阳把地面烤得像一个煎锅，鸡蛋扔到地上，马上就凝固了。戈壁如同一个发烫的锅炉，什么都是滚烫的，哪怕不小心触到飞机座舱保险带的铜扣子，都会把人烫得跳起来，就像被什么虫子咬了一口似的灼痛不已。

还有就是大风沙。有“死亡之海”之称的罗布泊近在咫尺，就在我们机场南边。这是科学家彭加木失踪的地方。一刮起大风来，黄沙飞舞，昏天黑地，日月无光，让人心悸。只听到风在不停地咆哮，这时候最容易使人迷路，误入死亡之地。

我记得一次去洗澡，在澡堂洗得干干净净，推门一出去就遇到了大风。这风说来就来，没有一点先兆，狂风卷着沙子，天地一片模糊，眼睁不开，耳朵里除了风声，什么也听不见。我怕走丢了，就顺着柏油路凸起的路牙子，慢慢向前摸索。为了保护头部，我把脸盆扣在头上，只听见石头、沙子打得脸盆咔咔响。等我回到宿舍，整个人又成了脏的，这趟澡成了“沙石浴”。这场风，从下午一直刮到晚上。第二天起床一看，连房间里都是细细的沙尘，也不知道隔着两层玻璃窗，这些沙子是怎么吹进来的。

新疆的风暴太厉害了！听说有时候连火车都会被刮翻。尽管如此，我们在这里还是过得非常快活。每天早上，我们都要到戈壁滩上去跑步。尽管戈壁滩光秃秃的，不像长春预校的那座练习冲刺的小山坡，有着郁郁葱葱的草木，但它那别样的景致同样吸引着我。

大漠荒凉，干涸的河床从来也没有水，但是并不是没有生机。植物有骆驼刺，不到半米高，没有枝，只有干，叶子只有零零星星的

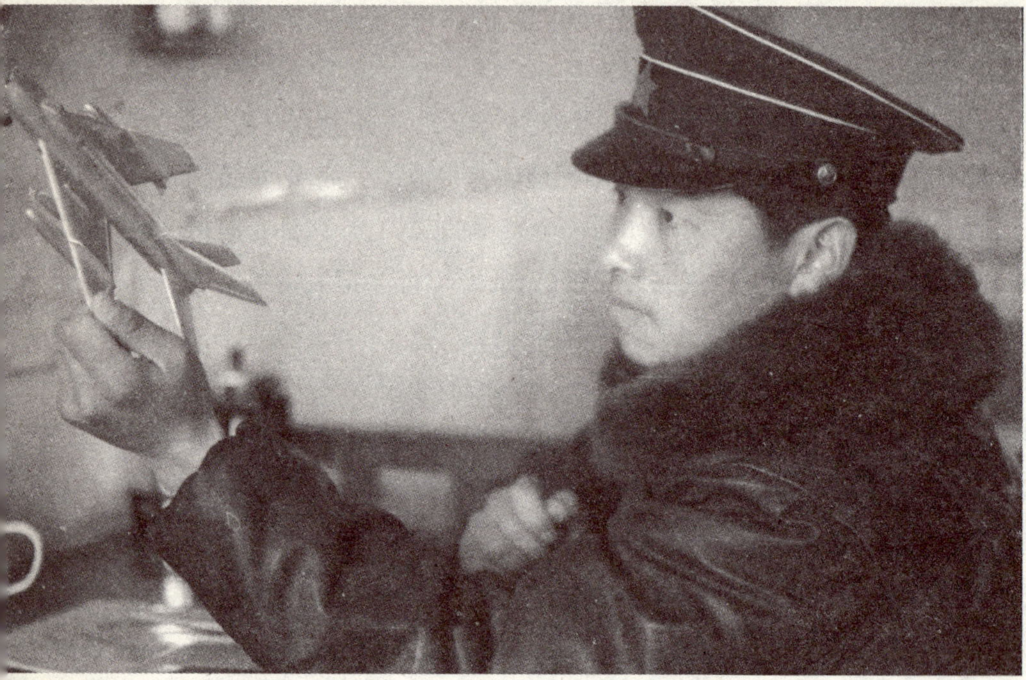

1984年在海军航空兵

几片,指甲盖那么大。有一种红柳,生长在干枯的河床里,我们常常把红柳折下一枝,插在土里,浇上一点水,心里想,来戈壁滩一趟,种上一棵树吧!能不能成活,谁也不知道,就算表达一种心情吧。此外还有沙枣,也是一种耐旱的植物。远处的天山上有一种比较珍贵的中药,叫雪莲,但是不容易见到。

动物我只见到过两种,一种像四脚蛇,可能是一种蜥蜴。还有一种小跳鼠,不怕人,我们在戈壁滩上一坐,它就跑到我们身边,头像兔子,尾巴很长,尖上有小一撮白毛。

这里的景色,都是内地看不到的,充满神奇。远山的白雪、无垠的沙漠、神秘的罗布泊、千里大戈壁,还常常见到"海市蜃楼"。这

“海市蜃楼”太神奇了！远远地看到有山、有水、有树木、有房屋，往前跑，景色就渐渐消失了。看得见，摸不着，虚无缥缈，像一个童话里的世界，让人产生无限遐想，给我们紧张而单调的学习生活增添了一抹浪漫色彩。

大风季节，戈壁滩上飞沙走石，如万马奔腾。天山脚下，有时有成排的龙卷风，不是一个风柱，而是一排，连天接地，一直通到云里，异常壮观。我热爱大自然，每当看到这些，心中总是涌起一种美好的感觉。

可能是碧野吧，写过一篇《天山景物记》，写到了从天山脚下到雪线以上不同高度的自然风光。学生时代我学习这篇文章的时候，就向往来天山看雪，但是从来没有想到有一天能够驾驶飞机俯瞰天山。想到不久就要驾驶着飞机在天山上空翱翔了，我学习训练的热情就更高了。

我盼着能早点飞上蓝天，与这份期盼相比，戈壁荒漠的生活在我看来，并没有多么艰苦。这可能和我的性格有关，我是乐天派，又对大自然非常热爱，能从枯燥、单调的生活中感受到生活的美、挖掘出军营的乐。

我觉得飞行事业正好契合了我的天性。每当看到别人驾机在天空中翻飞的情景，我都会遐想自己驾驶战斗机搏击蓝天、驰骋万里云空的那份挥洒自如。在我上天后的每一次飞行中，我都细细品味在高天中出入千里、纵横恣肆带给我的感受。别人的生活只是平面运行，而我脚下的世界却是立体的，是蓝天给了我辽阔宽广的自由。

飞行生涯的几年中，我飞过了半个中国的天空。面对自己选择的事业，如果对一生而言它都是一件非常值得的事情，又怎么会退却或难以取舍呢？有一句话说的好：一个人当他没作出选择时，应该选择他所热爱的；当他作出了选择，就应该热爱他所选择的，无论是对待感情还是事业都应如此。

在新疆的岁月里，我的梦想开始起飞。我告诉自己：既然选择了军营，选择了飞行，就要义无反顾，勇往直前。

蓝天中绽开一朵洁白的伞花

按照训练要求，跳出舱门的一瞬间要在心里默默地数数，数“0001、0002、0003、0004”，可是由于太紧张，我把这个忘掉了。我的身体急速下坠，耳边响起了风的呼啸声……

跳伞训练是我此生难以忘怀的记忆。

那之前，我打篮球不小心把脚脖子扭伤了，很疼。缠着绷带，整天蹦跳着走路。但是跳伞训练是飞行训练的必修课目，不通过这一关，就根本不可能参加飞行。而且如果这次不参加，我就要推迟一年才能飞行，这是我无法接受的，所以我咬着牙，强忍着剧痛参加了跳伞训练。

训练是非常艰苦的。不是说从空中跳一次就完了，而是要先在陆地上训练，具体地说就是从2米高的跳台上一遍一遍地往下跳，寻找和体会落地的要领和感觉。尽管下面铺着沙子，但是反复地跳人也受不了。况且，这种训练要求两腿并拢落地，这样一次次地跳过之后，我们的膝盖都撞青了。

带伤坚持了一个星期，虽然我的膝盖上留下了青一块紫一块的痕迹，但是总算被批准和大家一起参加跳伞了。我激动得睡不着觉，庆幸没有在小河沟里翻船，上天的梦想没有被搁浅在岸边。

正式跳伞是按体重排队，体重重的先跳，体重轻的后跳，一组5个人。我被分到第二组，本来是第二个跳，但是临跳的时候，我前面那个同学有点害怕，不敢先跳，所以教官把顺序调整了一下，让我带头跳。

从高空看下去，地上的房屋就像火柴盒一样大小，茫茫的戈壁滩离我那么远。我的心里也有些紧张。因为跳伞的时候，第一个跳的没有任何近距离参照物，能看到的就只有大地，而后面的就不一样，他们只要盯住前面一个人的背影，前面的人一跳，自己马上就跳，心理感觉要好得多。

飞机越飞越高。那一天，飞机飞的不是很平稳，教官有意让我们体验一下空中感觉，所以把飞机开得忽上忽下，造成强烈的颠簸效果，故意考验我们的身体与胆量。

对于一位战斗机飞行员来说，必须具备超出常人的胆量。有了足够的胆量才有足够的勇气，有了足够的勇气才能适应飞行这项高风险的事业。道理大家都明白，但我们毕竟是第一次上天，不免对教官的“心狠手辣”有所感慨，只是不敢表露出来罢了。

大家强作镇定，其实都很紧张。这种飞行状态本来就令人心悸，更何况一会儿还要从飞机上跳下去。我的心跳得厉害，甚至担心别人会听到“咚咚”的心跳声，那样的话可就太丢人了！我朝身后看了看，只见人人面色凝重。他们的心思都在自己身上呢，看来我的担心是多余的。我赶紧回过头来，默记跳伞的各项要领。

这时，就听到教官不断地报高度，500米，600米，700米……一

直升到800米，飞机才改成平飞，进入跳伞区域。一到跳伞区域，机舱前面的指示灯就闪亮起来。舱门打开，该我跳了！

按照训练要求，跳出舱门的一瞬间要在心里默默地数数，数“0001、0002、0003、0004”，可是由于太紧张，我把这个忘掉了。我的身体急速下坠，耳边响起了风的呼啸声。好像过了很长时间，才想起数数，我在心里说：“什么时候想起来就什么时候数吧。”于是开始数数。刚数到“0003”，“嘭”的一声，伞就张开了。其实，我忘记数数也就是半秒钟的时间，但是在空中，感觉这半秒钟真的很长很长。

一开伞，我的身体是倾斜的，身体被伞一拉，头上戴的钢盔差点被甩下去。我赶紧用手抱住钢盔，顺势抬头一看，只见我的上空绽开一朵洁白的伞花，悬着的一颗心总算放下了。这时，我发现我的手紧紧地攥着备用伞的手柄。刚才我忘记数数的时候，心里一紧张，就想到拉备用伞，心想数到“0005”，如果伞还不张开，就拉开备用伞。现在回想起来，第一次跳伞真是很滑稽。人生第一遭从天上跳下来，不管怎么说也是紧张的。

一个人的一生会有许多第一次，就像第一次学步的幼儿，总是磕磕绊绊、跌跌撞撞的，看上去滑稽可笑，但只要走稳就是胜利。

看到伞张得非常好，我就开始找地标，找我们的营房在哪里，同时辨别东南西北。地面离自己越来越近了，我看见有一辆卡车，感觉自己马上就要落在卡车上，赶紧操纵伞绳避让。落地的一瞬间，似乎不是我在接近地球，而是大地向我迎面扑来。落地的速度大约是20公里/小时，强大的冲击力袭来，我感到了脚脖子一阵刺痛。没有站稳，我就依照教程上的要求，顺势倒了下去，用身体将伞收拢。伞兜着风，把我在地上拖了三四米远。

我终于顺利地完成了跳伞，而且是带着伤平安完成的。我的自我感觉是跳得比较狼狈，然而却意外地受到了教员的表扬，说我跳得不错。

听老同志说，过去的学员跳伞总要出点儿事，最常见的是让伞绳把脖子缠住。伞绳是尼龙绳，在脖子上一卡就是一道血口子，还有的落地时摔伤了脚和胳膊。这次我的同学中，也有跳的比较危险的。有两个人的伞在空中相撞，情形很吓人。还有一位同学没有操纵好降落伞，在戈壁滩上飘出去好远，最后教员开着吉普车去追，才把他找回来。

但是我，很平安。

回想起来，当时勇敢地往下跳，是出于男子汉不能低头的朴实想法，出于对科学的一种深信不疑，相信跳伞是科学的、安全的；也是出于训练之后的自信，相信经过那样艰苦的训练之后，自己能够顺利完成动作；还有就是出于内心深处的、一直以来的对蓝天的向往！

在我的记忆中，那朵洁白的伞花是那样的美丽，她是我的蓝天梦想第一次开出的花朵。

从不完美中超越

可是我刚拉了一下，机头就蹿上去了，赶快再一推，机头又猛然往下冲。倒霉！原来这飞机只听教员不听我的。

我从没觉得自己比别人强多少，或是有什么天赋，我只是一个普通人。和大多数人一样，我也是从自己的不完美中去超越自己，去接近梦想，实现梦想。

记得一开始体验飞行时，不需要我们做任何动作，就是教员带着我们上天转。主要看我们空中方位感觉怎么样，是否晕机，在地面练得很熟的课目到了空中是否还能反应得过来。

体验飞行只有一次，我们那个教员带了三名学员，我是其中之一。教员先在地面讲一讲周围的地理情况，比如哪里有村庄，哪里有干涸的河床，军营在哪边，从天上往下看，天山山脉是什么样的，跑道是什么样的。然后我们就跟着教员登上了教练机。

教员是一边做动作，一边告诉我们现在起飞，现在爬升，现在拉平，每做一个动作都要告诉我们是什么。飞机在教员的操纵下盘旋、俯冲、跃升，让我们体会着飞翔的感觉。空中的一切，除了非常新鲜，我并没有什么不良感觉。我抬头看天，天是那么蓝；俯瞰大地，大地是那么美。正当我陶醉在轻松自如的浪漫情怀中时，教员问我感觉怎样，我得意地说感觉非常好！

教员拉平之后，问我们地标在哪里，天山山脉在哪里，考察我们的空中方位反应。问了几句，就让我试一下。当时飞机是平飞状态，他让我来掌握操纵杆，什么都不用我管，只让我保持高度，一点复杂的动作都没有，方向速度也不用管。看着教员飞得很自如，

在海军航空兵部队

我想自己飞应该也没有什么问题，不就是保持个高度吗，太简单了！

教练机的升降变化很小，是属于比较平稳、容易掌握的机型。我手扶操纵杆，看到飞机有些下降，就拉一拉杆，可是我刚拉了一下，机头就蹿上去了，赶快再一推，机头又猛然往下冲。倒霉！原来这飞机只听教员不听我的。汗开始从脸上手上往外冒，浑身肌肉越绷越紧，轻轻的小驾驶杆在我手里竟然重如千斤。仅仅几分钟，就飞得我肌肉酸疼，大汗淋漓。有生之年，我还从来没有感觉这么累过！

教员总算接过了操纵杆，我却再没有了刚才的好心情。这一遭走下来，我有点灰心丧气。这才是第一课，严格讲还不是正课，就这么难，后面的训练还有几百个练习！怎么学得下来？真是不敢想。返航的路上，我总在想，我连保持一个高度都这么困难，以后该怎么办呢？也许过去的很多飞行员就是这样被淘汰的，说不定我也会成为其中一员。念及此，我的心情十分沉重。

今天的体验，上天是兴奋的，落地是沮丧的，两种心情别提反差有多大了。然而，出乎我意料，落地之后，教员把我们三个人叫到一起，讲评了一下，对我提出了表扬："不错啊，小柏！"这一来，我才知道，另外两个同学飞得还不如我。看来，第一次飞行每个人都会出毛病，我总算从教员的表扬中找回了自信。

第一次上天给我的印象非常深刻。地面和在空中完全是两种不同的感觉，一个飞行员在地面练得再熟，到了空中不一定全能发挥出来。飞行，确实是一门学问，一门深奥的学问。我只能努力去学习，把问题想得更复杂一些，把困难想得更大一些，争取早日单飞。

体验飞行，让我第一次面对蓝天的挑战，但同时，我也从这挑战中体验到了一种从未有过的乐趣，一种在不完美中超越自我的乐趣。我喜欢这乐趣。

好事多磨

我是第一批准备放单飞的。但是，没想到的是，到了60多个起落的时候，在我身上发生了可怕的偏差现象……

学习航空理论期间，我觉得难度不是太大，主要是要记的东西比较多，基本上学的东西都需要背下来。包括航空动力学、飞机构造、发动机、武器系统，以及气象等科目。我所在的班学习成绩都非常好，各种流动红旗经常是挂在我们这个寝室里的。每次考试的分数，我们这个班总评都在95分以上。集体荣誉激励着我，加上自己的努力，我的航理成绩不错，为飞行打下了良好的理论基础。

四个月的理论学习转眼就过去了，我终于走进了梦寐以求的飞机驾驶舱。开始是到航校的初教团，正式接触飞机，进行地面预习。熟悉飞机，也就是熟悉机舱里的各种设备和仪表、开关、电门、手柄。要熟悉到什么程度呢？熟悉到蒙住眼睛，用手一摸就能准确地摸到开关、仪表等，达到条件反射般的熟练程度。教员说什么开关，伸手就要摸到，不允许犹豫。

地面预习必须把飞机摸得透透的，闭上眼睛就像睁着眼睛一样。地面预习的时间是半个月，不到半个月，我闭着眼睛就能准确地按照教员的口令对舱内仪表、开关、电门、手柄作出条件反射式的快速反应，就像训练有素的打字员操作键盘一样。

终于到了飞行训练阶段。训练的内容主要是四大课目：起落、仪表、特技、编队。飞起落，也就是在教员带飞情况下，进行起飞降落。这个课目听起来简单，其实它在基本功中是最难的，也是淘汰率最高的一个关卡。一开始我是掌握得最好的学员，飞到60个起落的时候，教员就说像我这种情况，基本上可以单飞了。当时我们这个大队有70多个人，我是第一批准备放单飞的。但是，没想到的是，到了60多个起落的时候，在我身上发生了可怕的偏差现象。

偏差实际上是飞行员的一种错觉。在降落的时候，本来要求离地面一米的时候就结束快速下降，把飞机拉平，缓慢接地，这叫“一米拉平”。在快速移动中的一米有多高，什么样的下降率叫拉平，全靠飞行员的自身感觉。我原来飞的60多个起落，感觉都非常准，一米拉平每次都很成功。但是后来可能是看地面的角度有些变化，对一米的感觉发生了误差，一拉平就是两米。两米拉平，飞机落地的速度就小了，很容易发生事故。

别看只有一米之差，纠正起来却非常困难，每次我明明感觉是一米，其实仍是两米。没办法，只能是回忆一米的高度记忆，狠练印象建立，在教员的指导下，又多飞了20多个起落，终于闯过了印象建立的大关。

飞起落发生的偏差得到了纠正，我终于掌握了“起落”这个飞行员最关键的基本功。在被批准首批放单飞的名单中，“柏耀平”三个字晃荡了一下，便迅速站稳了脚跟，牢牢地登上了第一批单飞行

列。

我知道要真正的翱翔蓝天还有许多个关卡，在闯这些关卡的时候还会碰到“偏差”这样的绊脚石。是被它绊倒，还是一脚把它踢开，全凭自己的意志、勇气和不懈的努力。我暗下决心，为了实现梦想，遇到困难时，做一个勇踢绊脚石的人，站稳脚跟往前冲。

放单飞

只见院长满脸严肃，语气很严厉，指出了我一堆的问题……我心里就在想，这样的语气，这么多的问题，肯定单飞不了了。

放单飞的前一天晚上，我平平静静地进入了梦乡。第二天早晨，我们进了机场。教员和往常不一样，一向严肃的教员今天显得特别和蔼，他什么注意事项也没讲，要求我们按照正常情况去做就行了。

第一次跳伞，紧张得心跳到嗓子眼儿。第一次体验飞行，自信心遭遇沉重打击。第一次单独飞行，我的心情不可能不紧张。相信每一个放单飞的学员都和我一样，心理压力都很大。教员和蔼的态度是在为我们减压，他的心里其实比我们还紧张。放单飞，既是考学员，又是考教员。一个教员，一年也就带两到三个学员，学员能否飞得出来，不仅仅是学员的技术水平，同时也是教员教学水平的体现。要是所带的学员全部被淘汰了，那么这个教员一年的辛苦也就全泡了汤。

放单飞的那天，首先要进行带飞检查。带飞检查我的是院长，我在前舱，院长在后舱。起飞前，院长只说了一句话："你自己按正常做。"几个起落之后，我解开保险带，脱下降落伞，下了飞机，向院长敬礼请示讲评。

只见院长满脸严肃，语气很严厉，指出了我一堆的问题：起飞时抬前轮动作偏粗、下降时下滑线角度不够稳定、一米的高度不够准确、接地不是很轻，等等。在院长讲评中，我心里就在想，这样的语气，这么多的问题，肯定单飞不了了。然而令我意外的是，院长最后却说："准备一下，马上单飞！"我一听，简直要欢呼出来，可以放单飞了！

80年代，在海军航空兵部队

我钻进机舱，教员就蹲在机翼边上，看着我把飞机发动起来，检查了我所做的每一个动作，帮我把座舱盖一关，微笑着挥了挥手，就下飞机去了。我望着他平静的面孔，心里的不安消散了许多。

我松开刹车，操纵飞机慢慢滑到起飞线附近，请示塔台，塔台发出同意起飞的指令，我便平稳地把油门加到最大，飞机沿着笔直的跑道加速，再加速，伴随悦耳的轰鸣，飞机离陆升空。

飞起来了，我第一次单独驾驶战鹰展翅蓝天！

收起落架，收襟翼，一切就像教员带着飞行时一样，很顺利。过了二转弯的时候，我按照教员的要求，往四面看了看。哪里是机场，哪里是天山山脉，都看了一下。这很重要，既可放松心情，也可随时掌握飞机位置，否则视线总是关在机舱里，有情况时反应不过来。

飞行时的起飞和降落阶段最容易出事。快要降落了，我心里有点打鼓。以往都是教员带着我飞，不管什么情况都不紧张，因为反正有教员跟着。现在不同了，座舱里只有我一个人，我必须独立地把飞机降落下去。想到教员不在飞机上，我不由自主地回头看看以往教员坐的座位，座位上空荡荡的，教员真的没有跟着。我的心有一点发虚。镇定了片刻，我暗暗嘱咐自己，“只要大胆、心细，就一定能够成功！”

我按照正常程序放下起落架，下滑，收油门，操纵飞机转向，对准跑道，准备着陆。在飞行指挥员的精心指挥之下，飞机轮胎在跑道上轻轻一点，落地了。我悬着的心也落了下来。飞机在跑道上滑行，我似乎有些不敢相信，真的是自己独立操纵飞机，完成了一次飞行。

滑到起飞线，教员早就在那里等着了。螺旋桨还没有停住，他就顶着风跑上前来，面带微笑对我说：“不错，没有什么大问题。再飞一次。”

教员的鼓励给了我更大的信心和勇气。我一连飞了四个起落，动作一次比一次漂亮。

这四次单飞，对我技术的掌握，可谓突飞猛进，让我真切地感受到了起落飞行中的每一个细节和每一个动作的要领。

最初的起飞给了我极大的信心，成为我走向成熟的非常重要的一步，那情景至今仍历历在目——我穿梭在蓝天白云里，飞翔在天地间，天山静静地看着我，见证着我一次比一次完美的表现。

在后来的人生旅途中，我也有疲惫的时候。每当我因疲惫的理由不想再往前走的时候，放单飞那天的情景就会像电影回放似的出现在脑海里。一次比一次完美的表现是那样的令人振奋，这时，我疲惫的身体便会焕发出新鲜活力，内心燃烧起重新上路的欲望。

所以，对我而言，放单飞那天的表现不仅仅是我飞行生涯中的一个重要收获，也是我人生道路上的一个重要收获。一个人的成功之路就是由一个个这样的收获铺就而成的。

勇闯淘汰的围城

行，你就留下；不行，就意味着永远与飞行无缘了。

当今世界所有培养和训练军事飞行人员的机构，都严格地遵循着那用生命和鲜血总结出来的科学规律，即对立志在蓝天中格斗、拼杀的人进行严格得近乎残酷的体能、智能和心理训练，并坚持用高淘汰率的机制来保持这支特殊队伍旺盛的生命力和超常的战斗力。只有淘汰、淘汰、再淘汰，才能让最初的“蛹”化作美丽的“蝶”，幼小雏鹰的羽毛才能日渐丰满，最终锤炼成到万里长空去搏击风云的雄鹰。

在长春预校入学的时候，进行了一次体检，当时我们中队130多个人都是合格的。过了8个月之后，又进行了一次大体检，这一次就淘汰了30个人。主要原因是经过大运动量的训练，有些人的身体素质出现了明显的不适应，有的人血压升高，有的人心跳有杂音……个别人是因为智力测验不行，也被淘汰了。

刚入新疆航校学航空理论时，我们一共是70多个人。4个月之

后70多个人中有7人因为身体原因，又被淘汰了。

航空理论学习完毕之后，我们正式分到了初教团学习飞行。这一年是淘汰率最高的一年。尤其是在放单飞时的淘汰。第一批放单飞的都是技术比较扎实的飞行学员，极少有被淘汰的。第二批技术掌握的也比较好，淘汰的也不多。第三批就真有点惨不忍睹了，那天的情境我永远也忘不了：院领导带飞检查完毕之后，拍一拍学员的肩膀，和蔼地告诉他，不错，休息休息吃点饭吧！这时每一个人心里都很清楚，没有严厉的讲评，也就等于宣告他这辈子与飞行无缘了。

这一天在休息区的角落里，很多同学都低下了脑袋，一声不吭，失去了往常的欢笑。面对这种情况，我心里也很难受，我们怀着飞上蓝天的理想，共同来到部队，来到新疆学习飞行，突然之间他们的梦想破灭了，我真不知道该怎么安慰他们，就只能默默地陪他们坐在那里。

初教团一年的训练下来，我们中队17个人就被淘汰了6个！

我闯过初教团的淘汰围城，进入高教团。在高教团，飞行训练时间也为一年。高教团的飞行训练要求更为严格，我们飞每一个小的飞行课目时，都面临着淘汰。行，你就留下；不行，就意味着永远与飞行无缘了。在这一年里，我们中队10名飞行学员就淘汰了4名。有一个学员是在飞编队时被淘汰的，他最可惜了，因为那时离毕业只剩一个月了。

每次有同学被淘汰的时候大家都很难过。本来在一起相处得好好的，转眼就要分手告别，感情上确实接受不了。但是，飞行不能凑合，不能感情用事，否则既是对他个人生命的不负责任，也是对军队的不负责任。

我和我的同学们都非常热爱飞行，有的因为种种原因没有成为飞行员，但一样可以在别的岗位上建功立业。

我有个同学叫赖福生，住在我的上铺，他很聪明，学习成绩非常好，反应也很机敏。但因为在新疆这个环境中不大适应，血压有点高，被淘汰了。后来他以新疆军区第一名的成绩考取了军校，毕业后又考上了第二军医大学研究生。被淘汰的时候，我觉得他太可惜！一年的奋斗，什么都优秀，但连飞机都没有摸过。现在想来三百六十行，行行出状元，他走的也是一条成功之路。

淘汰是残酷的，但只要拥有对生活的热爱，对事业的执著，对成功的自信，在其他岗位上也一样能建功立业。我祝福那些陪我一路走来，而又不得不告别飞行的同学们都有一个好的前程。同时在心里勉励自己，珍惜这用汗水和泪水换来的飞行机会，把飞翔的翅膀练得更硬更强。

战友兄弟

战友，战友，亲如兄弟。这话听起来似乎有点夸张，但只要当过兵的人都知道，用兄弟来形容战友之间的深厚感情一点也不过分。

我这一生有很多战友，无论在长春、在新疆、在海航部队还是在舰艇部队，情谊都很深。

长春预校给我印象比较深刻的是我们的区队长，其实区队长只比我们大一岁，但却像个老大哥，对我们既严厉又关心。8个月的朝夕相处，他和我们之间产生了非常深厚的感情。到我们毕业的时候，区队长来送行，大家都是流着泪和他告别的。他也是满脸泪水。“男儿有泪不轻弹，只是未到伤心处。”伤感的离别之泪在每个人的脸上流淌，把军人之间的特殊情感宣泄得淋漓尽致。那永生难忘的一刻，让我真正地体会到了什么是战友情。

在新疆航校学飞行，和教员相处的时间比较长，虽说是师徒名分，但教员都比我们大不了几岁，所以更像是兄长。从初教团出来，我被分到高教团。在高教团，我遇到了一位良师益友，给了我兄长般的教导和关爱。他是我军旅生涯中另一位难以忘怀的好战友。

高教团学的是喷气式教练机。这种飞机是用朝鲜战场上我军使用过的战斗机改装的,但不是超音速,属于亚音速飞机。

从飞螺旋桨飞机到飞喷气式飞机,又是一个跨越。首先还是学习3个月的空气动力学。喷气式战斗机的空气动力学,和螺旋桨飞机完全不一样,飞机结构、武器装备,也不一样,等于是从头学起。和我一起来高教团的是10个人,负责带我的是一位年轻的教员,叫黄泽军,只比我大一岁。他同时也带另一名学员,后来这名学员被淘汰了,只剩下我一个人。

飞高教机最困难的是大坡度盘旋。这是一种极限状态,坡度太大,飞机就要往下掉;坡度小了,飞机又会冲出盘旋轨道。总之,要同时保持高度和速度,是一件非常困难的事。天气好的时候,我控制得比较好,但是有一次天气不好,天地线不是很清楚,飞机高低很难判断,就控制得不行了。教员看在眼里,急在心头。他一急就连说带"晃杆"。

什么是"晃杆"?教练机前后舱的操纵杆是连动的,有些教员性子急,在后舱的晃杆动作大一点,前舱的操纵杆就会打到学员的膝盖上。我的教员并不是性格那么急躁的人,可是当我的空中动作做得不是很好时,他也会一边着急地给我讲解,一边不自觉地晃动操纵杆。其实动作没做好,我心里也非常着急,教员晃动操纵杆,飞机的状态就更难保持了,动作做的就更变样了。

我原本就不是一个脾气很好的人,尤其在初教团一路顺利更是助长了自己的脾气。教员晃杆,我一着急,赌气把操纵杆一松,不做了。教员见我发脾气了,态度缓和下来,对我说:"行,你先休息一下,看看外面的风景,待会儿再做。"教员操纵着飞机在空域中飞了

一圈，我的情绪很快就缓和了下来，毕竟教员是恨铁不成钢，着急“晃杆”也是为我好。我们的师生情谊就是在这样的磨合中不断升华，最后成了亦师亦友的好兄弟。

当我离开高教团到海航报到的时候，黄泽军教员专门到火车站送我。那天是凌晨3点钟，车站离高教团有四五十公里，要坐着卡车颠簸好久。所有的毕业学员，只有我一个是教员亲自来送的。拥抱分别之际，说了些什么已经记不清了，但这不重要，重要的是送行所体现的兄弟情谊，令我永远铭记。

战友，战友，亲如兄弟。这话听起来似乎有点夸张，但只要当过兵的人都知道，用兄弟来形容战友之间的深厚感情一点也不过分。你想啊，当兵的人离家在外，军营就是他的另一个家，战友们在这个家里同吃同住，同流汗同收获，不是兄弟又是什么呢？

蓝天畅想曲

我实在没想到正当我准备大展宏图，到祖国的万里海空去搏击风云时，命运给我出了这样一个不大不小的难题:我被一小块石头挡在了飞机驾驶舱外面,停飞了!

高教团的生活转眼就过去了。1983年6月,海军航空兵来人要毕业飞行员。当时面临分配,我们只有两个去向,一个是空军某师,在新疆戈壁滩深处;一个是海军航空兵,驻扎在沿海。到哪里去,当时我也没有多想。那个时候的人非常单纯,也遵守纪律。我们一个大队几十人去看电影，退场的时候地上一个纸片、一口痰迹也没有,干什么都非常正规。在毕业分配的人生大事面前,没有一个人走后门,大家都表示坚决服从组织安排,自愿到最艰苦的地方去。每个人都以一种很平静的心态对待地域条件优越的海航部队挑选。

后来,海航整建制地要了一个中队,而我恰好就在那个中队。我有幸穿上蓝军装,加入海军战斗序列,成为一名光荣的海军航空兵飞行员。

同学告别的时候，真是依依不舍。刚到航校时那么多人，经过一轮一轮的淘汰就剩下现在这么几个。如今，一起过关斩将闯过来的战友们又要分别，岂不令人感怀?！我们的心被离愁别绪笼罩着，大家说到动情处都默默流泪。哭过了又笑，毕竟我们都实现了飞翔的梦想。有同学祝贺我，说我分到海航，驻在上海，进了大城市，比新疆强多了。说实话，我还真没有什么幸运的感觉，因为我在新疆也没有感到苦。如果说对这个去向有什么满意之处，那就是离家近了。要知道，从进航校起，我已经三年没有回家了。

海军航空兵

7月中旬，我们离开新疆，离开了为我们插上飞翔翅膀的新疆飞行学院。

进新疆的时候看到祖国的大好河山，心情很好。离开新疆往南走，心情一样的好。因为我们毕业了！以前虽然也穿四个兜的干部服，但现在是真正的干部了！拿工资了！可以享受乘火车坐卧铺的待遇了！是真正的飞行员了！真是有一种踌躇满志的感觉。

同是好心情，但来和去还是有区别的。来时是18少年郎，回去时已经是21岁的青年了。3年的岁月之河带走了少年的青涩，将我变成一个充满闯劲儿的青年，开始知道考虑问题，规划人生了。到了新单位该怎么工作，会让我开什么飞机，能不能飞上世界上最先进的战机……

在新疆，空气干燥，透明度非常好，一眼可以望出去很远。越往内地走越湿润。尤其到了江南，正值梅雨季节，天阴沉沉的，像一个大锅盖罩在头上；空气也是湿漉漉、雾蒙蒙的，像浸透了水；身上也仿佛被水泡过，又湿又粘，很不舒服。到了上海，住在基地招待所。晚上往被窝里一钻，我们就喊起来了："被窝是潮的！"服务员过来用手一摸，说："不潮呀！"我们这才明白，是我们在干燥的地方住惯了，对江南的湿润气候不适应。其实我的家乡也在中原，这种气候我本来应该适应，现在反而不适应了，大概是因为我在新疆待了两年多，对那里的干燥已经习惯了的缘故吧。

刚到海航时，在位于上海五角场的海军医学研究所做过一次体检。主要是测在负载、转椅、减压舱环境下的身体功能指标。印象比较深的是做高空缺氧环境试验。这个试验简单地讲就是让被测试人员进入一个密封的大罐子里，然后逐渐抽取大罐子里的空气，测试他们在缺氧状态下的反应能力。

在歼6飞机座舱中

我们走进大罐子，在空气稀薄的环境下，我们自我感觉良好，甚至还笑话专家们搞如此简单的试验。专家让我们在一张格子纸上默写数字，从100倒着默写1分钟。由于在缺氧条件下大脑活动会变慢，所以当我默写数字时，虽然没有什么异常感觉，还能把数字准确地填写在格子里，“99、98、97、96……”自己以为写得很流畅。可是出来一看，开始写得还不错，工整美观，后来就明显不行了，像小学生的字，有的出了格，有的很大，歪歪斜斜，明显和平时写的不一样。看来，科学就是科学，是不以人的意志为转移的。

经历了这次测验，我才相信驾驶飞机在高空飞翔时反应会变慢，原来我是不相信的，以为和在地面一样敏捷，其实不然。就像喝酒，快醉的时候，都有把握不会喝醉，甚至感到很清醒，等有醉意了，已经喝得太多了。在高空，空气稀薄，人的大脑可能会出现短暂的兴奋，掩盖了反应能力变慢的事实。如果飞行员对自己这种状况缺乏警觉，就可能酿成事故。

体检后，我被分到宁波，飞超音速的歼六战斗机。经过整整三个春秋，1000多个日子的孵化，当初的“蛹”终于化作美丽的“蝶”。但我知道，走出航校领取了“飞行”毕业证，充其量不过是刚刚“出窝”的雏鹰，能不能长出丰满健壮的羽毛成为一只搏击长空的雄鹰，还需要在暴风雨中不断地摔打和锤炼。这个“暴风雨”来自方方面面，有些看上去似乎并不是那么凶险，但也有可能因此而折断飞翔的翅膀。我这只雏鹰刚展翅就遇到这么一场“暴风雨”。

刚到海军航空兵部队不久，我得了一场不大不小的病。一天我们去参加劳动，中午回来小便发现有血，到医院检查，诊断为泌尿系统结石。泌尿系统结石对普通人来说并不是什么可怕的病症，而对一个飞行员来说很可能就意味着飞行生命的结束。我和许多飞行员一样，把飞行看做是自己的第二生命。没有飞机与蓝天为伴将是怎样的生活？我不敢想象。我实在没想到正当我准备大展宏图，到祖国的万里海空去搏击风云时，命运给我出了这样一个不大不小的难题：我被一小块石头挡在了飞机驾驶舱外面，停飞了！

这是我心情最郁闷的一段时期。情绪一度低落的我暂时告别了心爱的机场和战鹰，住进医院，开始了一场新的更加特殊的战斗。

我在宁波的医院住了12天，总是发脾气。特别是痛起来的时候，心情十分焦躁。疼痛，是泌尿系统结石的普通症状，痛起来让人坐卧不安，异常难受。

有一次，早晨5点多钟的时候突然痛起来，同病房的病友们忙叫护士。护士来了不少，但她们啥也帮不了我。见我痛苦的样子，她们又不忍离去，叽叽喳喳地商量办法。我又痛又烦，突然高喊道："都给我滚！"喊完我就抱着肚子蹲在床上，病房里顿时鸦雀无声，过了一会儿，护士们都出去了。这下可好，护士们以后对我态度都变了，给我打针好像下手也比别人狠。这不怪护士，怪我自己。毛主席说过："牢骚是一定要让人发的，当然发者无罪。"我那天怎么会发那么大的脾气呢？难道真的是痛到不能控制情绪的地步？不是。身体的疼痛对于一个七尺男儿来说怎么都能忍受，不能忍受的是心痛，是将要失去飞行生命给我带来的巨大的心灵上的伤痛。

后来，我随全团转场到辽宁某机场。这时已经不让我开飞机

上海大场机场，大队飞行员合影（前排中）

了，我是坐运输机过去的。在机场待了十几天后，我被送到北京海军总医院继续治疗。

在北京，病情向着缓解的方向发展，虽然还是不断地痛，但每痛一次，一拍片子，就发现石头掉下来一截。这给了我极大的信心，情绪也逐渐稳定下来了。

我明白这种病不是着急就能解决问题的，关键要加大运动量，通过用药和依靠身体的震动把结石震松，最后才能排出来。加大运动量，也是保持身体素质的基本手段，更是维系飞行生命的唯一选择。所以我一直没有停止运动，不管痛还是不痛，有时间我就去跑步。海军总医院的“八一湖畔”多了一名长跑青年，没有人知道这个青年奔跑的目的，只有我知道是为了那块该死的结石!只有早日把它排出来，才能返回部队，重上蓝天。

4个月后，结石终于排出来了。4个月的治疗，治愈了我身体上的疼痛，也治愈了我心灵上的伤痛。我手里拿着健康诊断结果，好像重新获得了生命。第二天早晨，我照常早起晨跑，心情无比轻松。我迎着朝阳跑啊跑，庆祝自己又一次踢开了人生路上的绊脚石。

住院期间，部队一直没断人来看望我，安慰我好好养病。部队这么关心我，我反而没了底。我在心里琢磨：刚分到部队，还没怎么训练呢就得病住院！而且，一住就是好几个月，部队还会要我吗？说实话，我是真的不想停飞，生怕因为这场病把“淘汰”——这个飞行员最害怕的坏事儿引到我头上。

回到部队，这个顾虑就打消了。我很快恢复飞行，在领导和老飞行员的关怀下，浑身是劲的我迅速赶上了因病落下的进度和课目，驾驶着心爱的战机翱翔在海空之间。我的蓝天畅想曲，跳过一个不和谐音符，依然那么悠扬，那么动听。

风雨过后是彩虹。经历了“结石”这场风雨，我的心空出现了一道美丽的彩虹。每一个清晨，当我拎着头盔走过机场的草坪，心情都是愉悦的。我欣赏七彩的阳光和漫天的飞霞，甚至一棵无名小草举着的露珠，在我的眼里都是那么可爱。我爱花、爱草、爱大自然的一切，更爱机场、战鹰和身边的战友。

《士兵突击》里许三多的那句话说得好：“不抛弃，不放弃。”在人生道路上遇到困难，一定不能气馁。只有不抛弃，不放弃，坚定目标向前进，才能到达目的地。

给我一句痛快话

领导们一听就乐了："谁说要淘汰你了……"

对生活的感激和宽容是我重上蓝天后才领悟到的人生境界，刚从医院回部队时，我的心态并不好。

结石排出来了，我盼着早日上天，可领导没说让我马上恢复飞行。在这段并不算长的等待的日子里，我心急如焚，度日如年，脾气火暴。其实领导是为我好，想让我再恢复一段时间。我误解了，以为领导在考虑是否淘汰我，情绪总是很焦躁。确实，我的身体一点问题也没有。由于住院期间一直没有停止锻炼，身体素质不但没有下降，反而还增强了，打篮球满场跑，简直就不知道累。

有一天教导员见我打完篮球不去洗澡，又拿起哑铃练，就批评我："还不快去洗澡！"我没吭声，心想练完这一组再去不迟。教导员见我没理他，又来催我，把我催火了，就和他顶撞起来。这一下把事闹大了，部队还从来没有见过一个刚刚毕业的飞行员敢这么顶撞领导的。团首长都找我谈话，我索性竹筒倒豆子，把心里话都说了

出来:“到底是不是淘汰我,给我一句痛快话!”领导们一听就乐了:“谁说要淘汰你了,我们正研究恢复你飞行的问题,准备让副大队长专门负责抓你的训练。”我一听是这样,立刻就没火气了,只剩下内疚。于是,我在飞行大队飞行员中主动作检查,诚恳地向教导员道歉。我心想,不管怎么样,只要不停飞,让我怎么道歉都行!

其实,教导员根本没把这件事情放在心上。离开宁波机场的时候,我们所有飞行员中,他给我写的鉴定是最好的。他本来不喝酒,临别会餐时,唯独和我喝了两杯白酒。我想,我这个人真是很幸运,遇到的领导都非常好。

现在很多同志都说我这个人脾气好,宽容,不说怪话,不顶撞领导,遇事沉着。其实我原来不是这样。我在飞行员中作检查可能是最多的一个,顶撞领导作了检查,和飞行员打架,又作了一次检查。那个时候确实是年轻,火气比较大,自我修养不够,遇事沉不住气。这两次检查对我的影响非常大,教育我注重涵养,凡事三思后行,要沉着冷静。是阅历改变了我。现在,无论遇到多么大的事情,第一,我会沉着冷静;第二,我会理解和体谅别人,为别人考虑,替别人设想。

年轻的时候出现偏差,只要好好总结,纠正过来,对自己一生都是有好处的。人无完人,任何人都不可能不犯错误,关键是不能重复犯同样的错误。

摸一下阎王爷的鼻子

这是个很危险的飞行动作，塔台指挥员惊呼："左舵！左舵！"

在海航部队期间，我曾经遇到过两次比较大的险情。

第一次是1985年初，飞穿云课目。这个课目就是根据地面导航台的引导，依靠仪表控制飞机穿过云层降落。那天，云又低又厚，能见度也不是很好，云中还有夹层，穿越整个云层需要很长的时间。我第二次起飞后就发现天气在往坏的方面发展，云底高越来越低，云中夹层迅速合拢。我向地面塔台指挥员报告。指挥员决定，后面的飞机就不再放飞了。我飞到7000米高度，还没有完全出云，就又向指挥员报告。指挥员命令空中飞机立即返航。一架架飞机陆续着陆。这时，天气急剧变坏，到最后两架的时候，着陆已非常困难，其中就有我一架。好在我是最后一个起飞的，所剩油料比较多，心中还比较踏实。当时指挥员命令我，不要着急降落，在云里保持高度平飞，让战友先降。

此时,云层距离地面不到300米,云下能见度极差,战友驾驶着飞机在云层下面,急切地寻找跑道降落,他飞机上的油料显然不多了。我在无线电中听到,战友一次次下降高度,试图看清跑道,但就是看不清,不得不一次次复飞。当时我清楚地听到他与塔台无线电联络的声音,知道飞机剩油警告指示灯已经亮了,也就意味着他只能飞最后的五分钟。一个严酷的现实摆在眼前:只有一次降落的机会了,如果再降不下来,飞机失去动力,很快就会坠毁。我为战友捏了一把冷汗。

时间一分一秒地过去,机场气氛骤然紧张。好多已经降落的飞行员都没有离开,他们和地勤人员、塔台指挥班子成员一起紧张地盯着黑压压的天空。飞机一遍遍从机场上空掠过,尖锐的啸叫声是那样刺耳。飞行员的家属们也闻讯赶到了机场,焦急地望着乌云翻滚的天空。她们知道亲人就在空中,天气那么差,一遍遍降不下来,难免就会出事。所以,当时无论是在天上的,还是在地上的,都把心提到了嗓子眼。

这层云雾,实际是一片海上平流雾,浙东沿海湿度大,春季常常会出现这样的海雾天气。海雾是一种危及飞行安全的灾害性天气,并且难以预测,说来就来,短时间内即可盖满整个机场。飞行员从空中看去,白茫茫一片,根本看不见机场跑道。不幸中的万幸,海雾浓淡不定,浓雾过去,一层较淡的云雾飘来,露出下面的跑道。战友在油料即将耗尽的最后关头抓住这稍纵即逝的一瞬间,总算把飞机降下去了。

此时,我在空中已经盘旋了一圈又一圈,油料也不多了。战友降落之后,海雾不但没有减轻反而还在继续加重。可以说,两架飞机现在算是保住了一架,我这架能不能保住,还是一个未知数。

按指挥员的命令，我操纵着飞机到云下建立大航线，朝着导航台的方向不断降低高度，当高度表指到300米的时候，飞机钻出云层，到了云下。我隐约看到城市的轮廓，我想应该是宁波市。

平时看宁波，地形地貌都很熟悉，现在看，却什么也看不出来，只能隐约看出是个城市。机场附近没有大城市，这一定是宁波！估计飞机已经飞临机场上空，于是我果断地放下起落架，转向跑道后，继续降低高度。这完全是根据航向速度和感觉的时间在飞，其实我根本看不见机场跑道。我大胆往下降，100米、80米、60米，在高度还有50米的时候，那反复寻找的、寄托着生命和希望的跑道突然从迷雾中露出来了。这不像我们驾驶汽车在雾中行驶，先是看到目标的轮廓，越接近目标越清晰。飞机速度非常快，在雾中寻找跑道，要么看不到，要么一下子就看到了，非常清楚。我迅速修正航向，将飞机平平稳稳地降落在跑道上。

当飞机滑行到跑道尽头时，等候在那里的领导和战友围了上来。我平静地走下飞机，向他们描述了空中的情况。后来听到他们的评价是："这小子还行，比较沉着。"

这次险情给人的压力非常大。一般飞行遇险，往往发生在一瞬间，这次持续了好长时间，我感觉仿佛过了一个世纪。在这个世纪般漫长的时间段里，我的神经始终处于高度紧张状态，但不只为了自己，而是想着战友的危险，当然本人的心理素质也受到极大的考验。飞机落地后，我看上去虽然比较平静，内心也是波澜起伏，毕竟与死神擦肩而过。

还有一次险情是在战斗值班时遇到的。

我们机场是战备机场，每天都有战斗值班任务，由具备战斗值班能力的飞行员轮流担负。那天轮到我战斗值班，天不亮，我和同

样担负战斗值班任务的战友就到外场待命。我们按规定穿好抗荷服，佩带好手枪、伞刀，把飞行头盔放在身边，以便有情况时就能立即登机起飞。

在准备飞行装具的时候，我忽然想起我们海航老首长讲过的一个笑话。说当年他们当飞行员战斗值班的时候，战斗起飞非常频繁，飞行员的神经也绷得很紧。有一次他正和别人下棋，忽然战斗起飞的警报响了，他本能地抓起头盔往头上扣，不想抓起来的却是棋盘，连棋子一起扣在了头上。

这虽然是个笑话，但足以说明一个人的神经在骤然紧张的情况下，可能会忙中出错。我没有那么紧张。但没有想到的是，那天的战斗起飞，我差一点就回不来了。

我们做好一切准备，在外场战备值班室待命。没过多久，随着刺耳的警报声，机场上空升起3颗绿色信号弹。我们一股风似的冲出休息室，扑向飞机。指挥所命令我们值班双机立即起飞，我飞的是僚机。长机率先发动，可是不知什么原因就是发动不起来，关键时刻掉链子，飞机出故障了！

他赶紧换一架飞机。这一换就紧张，一紧张情绪就不稳定。受紧张情绪的影响，长机起飞动作变了形，飞机还没离开跑道，就偏到了跑道中心线。跑道有60米宽，飞机翼展10米，他一偏，就占了35米，只给我留下25米。我只好跟着他一起往外偏，轮胎几乎压在跑道边沿上。离地后，长机带着侧滑，仍然在向我这边偏，逼得我只能在刚离地时就倾斜机身起飞以避开长机。这是个很危险的飞行动作，塔台指挥员惊呼："左舵！左舵！"其实我早就把舵慢慢压上去了，这个时候动作不能太快，否则飞机就会失去控制。我眼睛始终盯着舱外，努力保持飞行状态，不敢看舱内仪表。飞机离陆升空后，我慢慢调整到正常飞行状态，才瞄了一眼速度表，显示400公里/小时，我收起起落架；显示450公里/小时，我收起襟翼，转入到正常上升状态。

终于OK!我长长地舒了一口气。

这是我飞行生涯中最危险的一次。我们这个团，就曾经因为长机把僚机逼着带坡度侧滑起飞，僚机歪歪斜斜飞出4公里多，速度还是上不去，最后撞到了高压线上，酿成一起机毁人亡的事故。

摸了一次阎王爷的鼻子，躲过了上帝设置的一个人生劫难，我虽安然无恙，但那位撞高压线的僚机飞行员却永远回不来了。人民空军、海军的航空事业从无到有，从弱到强，是由许多前辈、战友用鲜血和生命换来的，我为他惋惜，但更多的是敬意。

飞行是一项高风险的事业。其实我飞行遇到的风险又何止这两次，几次三番同阎王爷会面，最终都化险为夷了。靠的不是运气，而是平时练就的扎实的技术和沉着冷静的心理素质。

遇事不惊、临危不乱、沉着稳重是成功处置险情的基础，这几次险情的成功处置锤炼了我的意志品质，为将来担负更重要的担子打下一定的基础。有人说："苦难是一种财富。"对飞行员来说，险情的磨难又何尝不是一种财富呢？

“不安分”的因子

回来之后，我暗自得意，但不敢声张，想想又后怕，万一出事怎么得了？

我认为我这个人骨子里有一种“不安分”的因子。选择飞行事业，多少有点追求冒险的味道。

在航校的时候，我就冒过一次险。当时教员还没有教如何“翻筋斗”，我就急不可待地想体验一把。这本来是不允许的，但是驾驶战鹰在云中翻腾的冲动是那么强烈，我决心找机会试一试。

为此，我认真地做着准备。我把教科书翻到那一章仔细看，看速度是多少，拉杆载荷有多大，飞机应保持什么状态，整个操作有什么要领等等。经过仔细研究，我自认为有把握了，缺的是时机。

一天单飞，我心中暗喜，这不是尝试“翻筋斗”的好时机吗？我驾驶飞机到达训练空域，便加大油门俯冲，然后拉杆开始翻筋斗。拉杆的力量很关键，拉不好飞机容易失速进入螺旋。拉到一定程度，飞机开始抖动了。抖动是失速的前兆。我赶紧减轻力量，然后继续拉杆，飞机又开始抖动了几下。一个筋斗，抖动了三次，高度损失1000米，就这么凑凑合合完成了一个筋斗。但是，不管怎么说，这个筋斗是我在没有人教的前提下完成的，我的同学们谁都没敢做。回来之后，我暗自得意，但不敢声张，想想又后怕，万一出事怎么得了？要知道，失速进入螺旋，那可是要机毁人亡的啊！看来，飞行不能蛮干，不老老实实跟教员学是不行的。

我十分热爱祖国美丽的大好河山，每当驾机冲上蓝天我都会抓住一切机会在空中俯瞰和欣赏绚丽的山河。参加战斗值班在沿海上空巡逻期间，我对雁荡山的地形发生了浓厚兴趣。雁荡山山势险峻，沟壑纵横，峭石壁立，险峰清涧，真是雄伟奇秀。

说到这里的山势，有一个小插曲。一次团里组织我们到雁荡山游览，二三十个飞行员坐着大客车，顺着盘山公路蜿蜒行进，回来的路上遇到一个下坡急转弯，驾驶员速度太快，转弯时没有控制好，车轮紧贴着悬崖边缘蹭过去，一车人都惊出了一身冷汗。不巧，迎面开来一辆手扶拖拉机，由于躲闪不及，被我们的大客车撞到悬崖下面去了。

大客车停住后，我们都下车往悬崖下看。万幸的是，这里的悬崖不是直上直下一刀切的。离悬崖边缘3米处有一块突出的平台，拖拉机正好掉到这个平台上，没有翻下30多米深的悬崖，拖拉机上的两个人只受了一点轻伤。再看我们的大客车，后轮把悬崖边的泥土轧开深深的一道裂缝，如果土质再疏松一点，后果不堪设想。悬崖下面，躺着三辆车的残骸，看上去触目惊心。

过了一会儿，警车来了。警察看完现场，都惊讶不已，说我们命大，因为前几天这里刚刚掉下去一辆大客车，满满一车人都摔死了。

飞行部队业余生活

就是在这么一个地方，我后来开着飞机在山谷里闯了一次，体验了一回高速穿越奇峰峡谷的绝妙滋味。

那是一次山地超低空训练，航线要求保持海拔高度1200米，就是在山脉的顶峰上贴着山尖飞。开飞前指挥员多次强调不允许飞到山谷里，因为这里山势险峻，山谷转折很多，战斗机速度非常快，飞进去稍有不慎就会撞到山上。再说，在山谷里飞，无线电联络会因为山峦阻隔而中断，雷达也无法跟踪，这些都是十分危险的。但是我决心飞到山谷里看一看，总在山尖上飞算什么超低空？驾驶飞机穿越雁荡峡谷会是一种什么滋味？那一定妙极了！于是我壮着胆子，把飞机下降到600米，钻进了一条曲折深邃的山谷。

钻进山谷，只见两侧的峭壁从我的机翼旁边飞速掠过，我一点不敢分神，百倍警觉地盯住前方。山谷转向，我也操纵着飞机跟着转弯；山势升高，我也跟着爬高。突然，前方出现一个小山包，我急忙将飞机拉起，一跃冲出危险地带。

这次冒险，我胆子壮了不少。凡事你不敢去做，永远成不了征服者。在海面飞超低空也是一样，我尽量飞得低一些。既然是“超低空”，不敢“超”怎么行？我在海面飞超低空，感觉渔船的桅杆甚至都要触碰到我的飞机，几乎就是擦着浪花在飞，以至于我不敢从渔船的正上方通过。穿着橘黄色救生衣的渔民们都停下手中的活儿，个个抬头看着天空，他们一定是在想这架飞机怎么了。

这几次冒险，实际是违规的，希望大家不要跟我学。冒险成功，当然有一种成就感，但不能提倡。那会儿飞行技术好，胆子也大，加上年轻，天生有一种冒险的冲动。后来我当了舰长，比当年经历的事情更多了，不是非冒险不可的事情，我一般不去做。当然我当舰长也做过不少别人不敢做的事，但都比不上我当飞行员时胆子大。

到战斗部队去

不管是战争年代还是和平时期，真正的军人，内心深处都潜藏着一份浓浓的战争情结。追逐战争的硝烟味儿，大概就是我站在人生十字路口毅然决然选择战斗部队的内在动力吧。

到海航工作两年后，面临着第二次分配，有三个选择，一是浙江某机场，二是上海某机场，再就是留在训练团。前两个都是战斗部队。在整个学院及部队飞行期间，我没有一次“错忘漏”（注：“错忘漏”是一个飞行术语，指在飞行中做错的动作、忘记做的动作、和漏掉的动作），几次险情处置得也比较成功，完全可以留在训练团。训练团飞行危险会少些，工作也会轻松、安稳些。

是留下来，还是到战斗部队去？我又一次站在了人生的十字路口。几乎没有犹豫，我选择了后者。我喜欢战斗部队。于是，我明确和组织讲，我不想留在训练团，到战斗部队去，哪个单位都行。

为什么会做出这样的选择？这大概和我的性格有关吧。在航校

晨曦初露，战斗值班

的时候，所有教员带飞的课目，我感觉飞得都不是很好。相反，凡是我单飞的课目，飞得都比较好。有教员跟着，总要按照教员的意图飞，放不开手脚。比如打地靶的训练，就是模拟对海对地攻击。起初老飞行员带着我打过几次，虽然打得也不错，但是都比不上我单飞几次打得好。我单飞打靶的那几次，眼看着炮弹击中目标，地上的白灰腾起一团团烟雾（注：地靶是用白灰在地面标出的假想目标），耳机里传来塔台指挥员兴奋的喊叫："打得好！打得好！"真叫过瘾！据统计，我单飞打地靶的命中率是71%。这个成绩远远超出了优秀标准，所以我自己不愿意受约束。后来，我如愿以偿，被分配到上海某机场。

到战斗部队，就意味着可以参加战斗值班。战斗值班对我吸引

力很大，甚至可以说有着超级吸引力。

但是，刚开始我并没有资格参加战斗值班，因为我必须完成空中格斗训练课目。空中格斗训练就是长机扮演“敌机”，让我去“攻击”。这是模拟实战的训练，实战气氛比较浓厚，其目的不言而喻，进一步培养飞行员的空战能力，只有通过这一课目，才能参加战斗值班。

我的长机很“牛”，他对我说：“你别光想着攻击我，你能跟住我，别让我甩掉就是好样的！”我没吭声，心想，到天上再说。飞机升空到达训练空域，长机使出浑身解数，一会儿一个筋斗，一会儿一个转弯，搞得我眼花缭乱。我死死地咬住他。第一个回合，他没有甩掉我；第二个回合，他加大了动作难度，还是没有甩掉我；第三次，又没有甩掉。

飞机落地，指挥员给我换了一架长机，也就是说换了一个对手。我心里燃烧着进攻者的激情，立即就要登机。教导员端来了一杯水，送来几块饼干，让我加加能量再上天。就这样一连起降了4次，换了4个对手，都没有甩掉我。

我的全身都被汗水浸透了，极度的疲惫像潮水般袭来。空中格斗，最大承受6个载荷。6个载荷是什么概念呢？就是说比如你体重150斤，6个载荷就是900斤，就是有6倍的压力压在身上，这是加速度造成的。载荷增加，血液就往脚下流，大脑就缺血，心脏就得大负荷工作。大脑一旦缺血缺氧，马上就会出现“黑视”，就是说眼睛瞬间看不清楚东西。虽然那天我没有出现“黑视”，但体力消耗很大。

这次训练，是我飞行生涯中最累的一次。但累得值！随后，就让我正式担负战斗值班任务了。

我想每个战斗机飞行员都希望真刀真枪地和敌人干一场，像我们海军航空兵前辈英雄王昆、舒积成、高翔、王鸿喜那样，揍它几架敌机下来。和平环境里没有这个条件。参加战斗值班，在祖国海空巡逻、跟踪监视境外飞机、处置突发事件等等，虽说不是真正意义上的战争，但至少能闻到一点战争的硝烟味儿。

军人生来为战胜，不管是战争年代还是和平时期，真正的军人，内心深处都潜藏着一份浓浓的战争情结。追逐战争的硝烟味儿，大概就是我站在人生十字路口毅然决然选择战斗部队的内在动力吧。

拥抱大海

从天空到海洋，29年的军旅生涯，我见证了新时期中国海军发展壮大的历程。我知道，在新任务面前，我面临的挑战将是前所未有的；我庆幸，我有机会把宝贵的青春和满腔的激情投入其中；我坚信，在我和战友们的共同努力下，我们一定能战胜重重困难，完成中国海军转型发展的大跨越。

站出来，让祖国挑选！

我在日记里写道："选择中国第一代飞行员舰长的职业充满风险，但这一职业决非超级大国军人的专利。既然，我们这代军人已经把和平作为对祖国的最高承诺，那么，我们就应该将和平写满祖国的每一片海疆！面对祖国，一切的情愫都应该割舍！"

1987年8月，海军广州舰艇学院开始举办第一批飞行员舰长学习班。大家报名非常踊跃，我也报了名。说实话，报名的决心不好下，抉择的过程甚至很痛苦。

飞行，是自己过五关斩六将好不容易闯出来的事业，也是我倾注了极大热情的充满发展前途的事业。可以说自己阶段性的人生理想已经实现了。我当时在飞行团，各方面的条件都是不错的，领导也很信任我。每次考核，无论是理论还是实际操作，都把我排在前面。理论考核，我每次基本上都能拿满分；飞行的各种课目考核，我的成绩也不错，飞行技术在同期学员中也是最好的。几年来，飞起落仪表、飞战斗特技，从万米高同温层到超低空，我发挥得都很

好。舰队航空兵首长检查考核，我总是被抽去代表团里迎考，而且每一次结果都是受到表扬与肯定。

我在一次比一次更艰险的挑战中战胜自我，超越自我，攀登上飞行生涯的一个个新高度；还多次果断、正确处置空中险情，积累了大量的经验。我的总飞行时间已达600多个小时。考虑到自己好不容易飞出来了，现在飞得也比较轻松，成熟的技术可以一生享用，无论在哪里，都是稳定的、安逸的，对个人对家庭都是前景可观的，如今要放弃，实在难以割舍。

而且，放弃飞行去学舰艇，要从头开始，学不出来怎么办？能不能让你当舰长，能不能当好舰长，是否适应海上生活等等，这些都是未知的。换句话说，这个选择是充满风险的。

即便上述不定因素都不考虑，现实情况也让我有些顾虑。我们驻上海这个航空兵师，是所有海航部队生活居住条件最好的。驻在全国最繁华的大城市上海，部队对飞行员的照顾是相当好的，飞行员一结婚就可以分到标准宽敞的公寓房，家属可以马上随军，地方政府还给安排非常满意的工作。这些对于普通人来说，是具有很大吸引力的。

特别是房子，那个时候上海一般居民的居住条件是很一般的。我们师原来有一名飞行员家住上海闸北区，我们到他家去看，房子一点点大，还分了上下两层，我们几个人进屋，连坐的地方都没有。相比而言，我们师的飞行员，居住条件简直太好了！此时，我正在热恋当中。这些年离开家乡，一个人在外闯荡，也渴望成个家，过一过舒舒服服的家庭生活。而留在飞行部队，这一切很快就能实现。

可想而知，放弃前程广阔的飞行事业，放弃在上海的优越生活条件，到艰苦的舰艇部队去，从头开始从事一项同样充满风险和挑战的事业，我经历了怎样激烈的思想斗争！

但是，我这个人从小就对未知的世界充满好奇，又比较喜欢学习探索。在航校的时候，我曾经和教员发生过一次争论。书本上对保持飞机平飞，仅仅登舵，飞机会不会转向的问题没有作太多的介绍。我分析是转，教员说不转。有一天，一个同学上天去做了个试验，看飞机在平飞状态下登舵到底转不转向，结果飞机真转向了。可见，我对新鲜事物包括未知的领域还是喜欢学习和探索的。再就是，我认为男人的一生就应该不断地拼搏闯荡。爱拼才会赢嘛！所以谈及到广州学习，谈及去从事军队需要的、能大展宏图也大有前途的工作我内心深处还是愿意去闯荡、去尝试的。

另一方面，我意识到，新军事变革正在以前所未有的速度、深度与广度在全球范围内如火如荼地展开着。无论在科学技术、武器装备、战略理论、体制编制，还是组织训练等方面都大大超出了以往任何一次变革。

改革开放政策逐步解放了中国人的思想，中国军队意识到必须义无反顾地投身到军事变革的浪潮中，才能取得现代战争和未来战争的主动权。未来战争必将是诸军兵种联合的、作战空间多元化的战争。海洋是国际交往的大通道，是人类可持续发展的战略资源宝库，是维护国家安全的重要屏障。作为一名海军军人，水上、水面、水下，都应该成为努力关注的战场。不管中国在不远的将来是否能够拥有航母，但是舰长需要了解飞行，飞行员需要了解大海，这样的人才知识结构趋势是肯定的。毫无疑问，军委领导和海军首长开办飞行员舰长班的决策是英明的，是高瞻远瞩的。就我们飞行员个人而言，这个机遇是千载难逢的。理智告诉我，要想有更大的发展，就必须把眼光放长远一点，放弃眼前的既得利益，抓住这个

机遇。

所以,我的选择应该说扣准了国家和民族命运跳动的脉搏。用搏击蓝天的眼光去审视大海,去拥抱大洋,这是民族的需要,是人民的重托!与其说我选择了战舰,选择了闯大洋的未来,不如说是祖国和人民选择了我!

我在日记里写道:“选择中国第一代飞行员舰长的职业充满风险,但这一职业决非超级大国军人的专利。既然,我们这代军人已经把和平作为对祖国的最高承诺,那么,我们就应该将和平写满祖国的每一片海疆!面对祖国,一切的情愫都应该割舍!”

最后,团里批准三名飞行员参加舰长班考试,我是其中之一。考完后广州舰院又来人面试、谈话,之后好长一段时间没有动静,也不知道被录取了没有。在等待通知的这段时间里,我依然参加训练,照常飞行,但内心深处的渴盼却在与日俱增。

一天早饭后,我在路上遇到师里一位干事。他一见我就迫不及待地说:“柏耀平,你被广州舰院录取了!”我问:“什么时间通知的?”他说:“东航刚刚来过电话,正式通知马上就到。”

听到这个消息,我先是一阵兴奋,接下来又有点失落。兴奋的是就要踏上新的征途,到另一个充满风险的领域去开拓;而失落的是即将离开心爱的飞机,告别自己热爱的飞行事业。尽管我有充分的思想准备,但是这一天来得还是太快了。

那天,正好有我的飞行训练任务。还参不参加?几乎没有犹豫,最后一次飞行了,我一定要参加!

在走向大海之前,我需要向蓝天告别,向我心爱的战鹰告别。此刻,我真切地体验到了老飞行员停飞时的心情。每个老飞行员临走时都只有一个要求:到机场去,向战鹰告别。我见过好多次老飞

行员向战鹰告别的感人场面。吉普车把他们送到外场停机坪，他们趴到飞机上就大哭，哭得在场的人都跟着流眼泪。没干过飞行的人，是无论如何体会不到人与战鹰之间的情谊的。

我没有哭。我就是想再飞一次。我问了当天的天气和飞行情况，带好飞行装具，随第二批空勤进场。长期的飞行让我增长了这样的本事：不论有什么心事，一上飞机脑子就干干净净，什么都不想。

乘车来到外场，团及大队领导还没有接到我被录取的通知，一切照常进行。我钻进驾驶舱，望着熟悉的仪表、操纵杆，感觉是那样的亲切。我按照程序检查启动飞机，慢慢地滑向起飞线。塔台指挥员发出可以起飞的指令，我轻轻松开刹车，加大油门，飞机疾速向前滑行，随着稳健的拉杆动作，飞机在跑道上腾空而起。起飞，演练空战课目，降落，一系列动作都十分流畅。

落地之后，我才告诉大队长，我已经被广州舰院录取了。支持我报考舰长班的大队长一听就埋怨我："怎么不早说？早知道你今天就不要飞了。"按照规定，情绪有波动的人是不准上天的，我这种情况肯定会被认定为情绪有波动，显然是不能安排我飞行的。我说："不，我今天一定要飞，今后可能就飞不成了。"我向大队长请示，同时提出了让我再飞一次完成当天任务的要求。大队长考虑了一下，最后还是同意了。

于是，我再次飞上蓝天。这一次空中动作我做的简单了。飞机在白云间穿梭、盘旋，我在天上俯瞰大地，俯瞰着繁华的上海，俯瞰着熟悉的机场，心里默默地向蓝天、向战鹰、向战友们告别，也向人生的一段旅程告别。这样的告别仿佛一个庄严的仪式，它提醒我：留住过去的情感，准备迎接未来的挑战。

1989 年 4 月，在广州舰艇学院

不断进步的人生就是这样，当你对一个目标非常执著的时候，你已经不知不觉地越过这个目标，朝着下一个目标进发了。

晚上团里为我加菜饯行。飞行灶使出浑身解数，安排了丰盛的宴席。军人的离别，令人心碎。我不止一次地经历这种令人心碎的场面。初学飞行的艰苦，战友别离的痛楚，飞向空中的激情，生死对决的危险，啥也别说了，全在酒里。看着往日与自己朝夕相处的战友那一张张被酒精烧红的脸庞，全都那么亲切。团长醉了，好多战友都醉了，我也醉了！

到广州舰院报到之前，我回淮南探望了父母和未婚妻。全家人都支持我的选择。但是，我明显地看到父母眼角眉梢流露出的担忧。是啊，蓝天和大海都是充满风险的，我今生第二次闯入一个充满风险的未知世界，怎能不让老人担心呢？我也从父母的言谈举止中感受到，他们见证了我这些年的成长进步，更加深刻地理解了他们的儿子。儿子每次站在人生十字路口的选择都给他们带来担心，但是，我是他们的骄傲。

1987年8月26日，我正式到广州舰院报到。

从这一天起，一个全新的、充满风险的未知世界在我眼前徐徐展开。

做机遇的“捕手”

一个人的成功，既有个人因素也有时代的背景。我不相信命运掌握在冥冥上苍手中，如果非要把一个人的成功与命运联系在一起的话，我认为，好的命运必然是个人奋斗的方向符合时代要求，和时代发展的方向同拍共振获得的。

我从不刻意地去抓机遇。机遇多，对每个人都是如此，很难说什么是最好的机遇。我只是把握自己所走的每一步，尽可能走得比别人好一些，这样事情就简单了。因为每一步走好了，机遇自然也就降临了，根本不需要去抓。还有一点，机遇时常和挑战并存，勇于挑战自我，才不会与机遇失之交臂。

1987年，我告别蓝天选择大海就是一次不寻常的挑战，也是多少军人梦想不到的机遇。

广州舰艇学院成立首届飞行员舰长班，面向全体海军航空兵飞行员招考，要求个人报名，部队推荐。我和战友们都报了名。那时我已经分到上海的飞行部队近两年，事业和生活一帆风顺，马上就要和自己心爱的姑娘结婚，结了婚立刻就能分到两室一厅的新房子。好多人对我的选择不解:“小柏你是不是有病啊？”“飞到今天不容易，你在这里也肯定有发展，说放弃就放弃，另学专业从头开始是闹着玩儿的？”“你想过没有，离开上海就难回来了，舰艇部队艰苦，工资待遇都比咱们低，一出海两个月回不来，有航空兵这么好的条件吗？”

但是大队长了解我，大队长说:“小柏你一定要报名！干飞行员，视野太窄，飞来飞去就这么点东西，你现在年轻，脑袋瓜子聪明，能多装点知识就要多装，将来都用得着，我支持你去闯一个新天地！”这正是我内心所渴望的。虽然我把飞行事业视为第二生命，也盼着有一天装备更新换代，尝一尝飞世界最先进战机的滋味，但想到驾驶一艘新型战舰驰骋大海，那感觉似乎更棒！

战略家们预言，21世纪人类将进入一个崭新的海洋世纪，谁能够最好地开发和利用占地球表面积71%的海洋，谁就能走到世界的前列！围绕着海洋利益展开的一系列政治、军事、外交斗争，将成为决定未来世界战略格局的重要时代特征。捍卫国家利益和主权，海军的作用将越来越大。对于想在新的军事领域一展身手的海军军人，首届飞行员舰长班将预示着怎样的机遇！

当然我也清楚，从蓝天到大海，是中国军人历史上从来没有过的事情，是一件富于强大挑战的事情。机遇是与挑战并存的，抓住机遇的同时必须勇敢地面对着挑战。

迎接挑战，做机遇的“捕手”，还需顺应时代发展的潮流，才能到达成功彼岸。

一个人的成功，既有个人因素也有时代的背景。我不相信命运掌握在冥冥上苍手中，如果非要把一个人的成功与命运联系在一

起的话，我认为，好的命运必然是个人奋斗的方向符合时代要求，和时代发展的方向同拍共振获得的。

我从飞行转到舰艇，就是顺应了时代的需求、未来战场对高素质人才的需要。在未来信息化条件下海战的舞台上，传统的海空界限模糊了，一名驾驶现代化战舰的舰长，没有对海空立体战争理论和观念的理解和把握，将是严重的素质缺陷。在同一时期的同龄人中，不管是在军队还是在地方，在机关还是在基层，有很多人付出的努力比我还多，但取得的成绩可能不如我。我想原因之一也许在于我的选择方向更符合祖国的需要，更符合时代发展的需要。

为巡南冥九万里

飞行员舰长班的同学都具有一种强烈的使命意识，我们抱定一个信念：我是干海军的，是长期干海军的，是干大海军的！因此，学习的自觉性非常强。大家以刻苦拼搏的精神，如饥似渴地汲取知识。

1987年9月，我和我的同学一起成为海军广州水面舰艇学院“飞行员舰长班”的正式学员。我们这个班共有10名学员，分别来自于北海、东海、南海三个舰队航空兵部队和海军飞行学院，有歼击机飞行员，有轰炸机飞行员，也有运输机飞行员，每人的飞行时间也各不相同，大家瞄准“既能驾机上天，又能率舰出海”的新型舰长目标重塑自我，开始了新的人生历程。

在舰长班学习期间，有两件事情对我产生了较大的触动。一个是1988年初发生的我人民海军为捍卫南沙岛礁主权而进行的“3·14”海战，一个是1991年1月的海湾战争。

当今世界超级海军强国可以凭借其坚固的海上堡垒——航空母舰战斗群，远涉重洋从海上对陆上目标进行毁灭性的打击。而中国，作为一个海洋大国，尚不能有效捍卫属于自己国土的岛礁，想到这些，我和很多献身海军建设的官兵一样，感到自己肩上责任重大。

在广州学习期间，我多次来到虎门、三元里等当年中国人民英勇抗击英帝国主义侵略的遗址，去感受民族英雄那种不畏强敌、以身殉国的豪迈气概。

为了抗击“从海上来”的侵略者，林则徐在珠江口设立了三道防线(被称为三道铁闸)，然而相对于拥有坚船利炮的英国远征军来说，中国军队仅靠在家门口(江河入海口)设立的防线是完全抵挡不住敌人进攻的脚步的。珠江口没能得手的英军，转而北上杭州湾，从定海向我岛上的守军发起猛烈攻击。尽管葛云飞、王锡朋、郑

飞行员舰长班同学(后排左一)

国鸿率众奋力抵抗，但仅凭大刀长矛和血肉之躯，哪能将拥有坚船利炮的侵略军挡在国门之外？回望那沉重的历史，将要成为人民海军新一代舰长的我总会思考这样一个问题：我们应当如何有效地捍卫中国海洋主权和保护海洋资源呢？

庄子在他的《逍遥游》中叙述了鲲化为鹏展翅图南，巡飞南海的故事。鱼可以变成鸟，鸟亦可以变成鱼，我期待着指挥自己的军舰水击三千里。

我们刚刚进入学院学习的时候，海军一位将军说飞行员舰长班的小伙子们有不少属“虎”或叫“虎”，便欣然题笔，写下一副对联：“猛虎添翼，可上九天揽月；於菟识海，可下大洋捉鳖。”这是前辈的鼓励，也是祖国的重托。从蓝天到碧海，从飞行员中培养舰长，实现空、海这两个现代化高技术军事领域的大融合、大跨越，这是中国军队前所未有的大事业。飞行员舰长班的同学都具有一种强烈的使命意识，我们抱定一个信念：我是干海军的，是长期干海军的，是干大海军的！因此，学习的自觉性非常强。大家以刻苦拼搏的精神，如饥似渴地汲取知识。

一般来说，舰长班学员的招生对象是水面舰艇学院本科毕业后，在舰艇部队工作若干年的优秀部门长或现职副舰长。录取学员经过一至两年的战术指挥专业的学习，然后再到部队担任副舰长。我们这些飞行员原先学的是航空理论和飞行操作，基本同舰艇专业不沾边。换句话说，就是要用三年半的时间学完将近6年的课程，这的确不是一件很容易的事情。我们当中就有一名同学学得比较吃力，后来不得不回到原部队。

我们清醒地知道，自己面对的是一个全新的领域，一门陌生的学科。一道道险关要隘，横亘在通向大洋之路的征途中。“时不我待，分秒必争！”我们每人都将这八个字写在每册新书、每本笔记本的扉页上，作为激励自己奋发攻关的座右铭。

我知道要在三年半的时间内完成高等数学、物理、外语、概率等基础课，熟练掌握航海、火炮、导弹、观通、雷达、机电、作战控制系统、舰操等舰艇专业和舰艇管理知识，修完海军战略战术、军事运筹学等指挥理论，从单一的飞行人才转变为文理渗透、多兵种交叉、技术与战术融会、有较强适应能力的海空协同作战合格指挥人才，还有很长很长的路程要走。

从“雄鹰”到“巨鲲”的转变，无疑是艰难的。我们将课堂、图书馆、计算机中心乃至宿舍，当成一个新的战场。课程多，时间紧，我

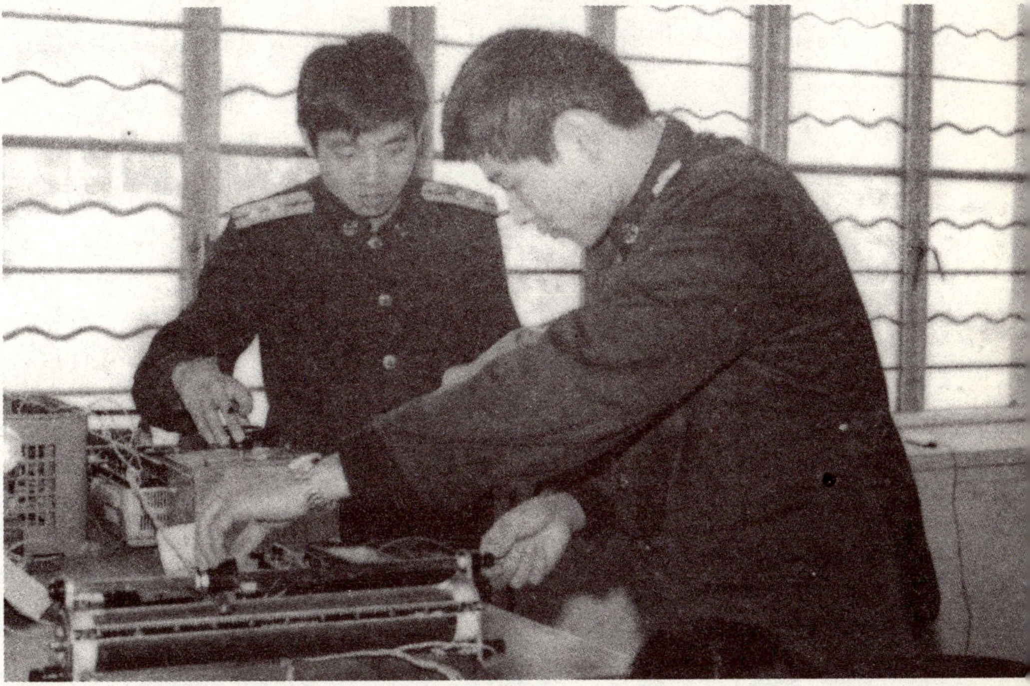

1987年在广州舰艇学院实验室学习（左）

们主动缩短假期，补习突击；新学科难题多，我们见缝插针，反复学，来回练；每天除了锻炼身体之外，几乎把所有的时间都用在了学习上。

三年半中，我们这个班完全是自我管理，大家轮流当班长。我们人数虽然少，但是我们心很齐，战斗力很强。学院搞歌咏比赛，其他队都是100多号人，我们也能够取得名次。学院当时对我们这个班很重视，我们对自己要求更严格。

当时我们享受空勤灶，每天都有水果，吃完饭都拎着水果回寝室，别的队的学员都没有，我们显得很突出，大家商量了一下，干脆不要这个待遇了。我们的行为举止赢得了周围学员的尊敬。给我留下深刻印象的是毕业那天在火车站候车室等车，那么多班次的学员在一起，我几乎谁都不认识，但是大家都认识我，争着把座位让给我。

对飞有了深刻体验的我，既然选择了新的航程，就没有理由不努力学习，否则对不起自己心爱的飞行事业。每次想到自己的选择和祖国的期盼、军队的重托联系在一起，我就无法不自觉学习、刻苦钻研。

在学习中我对战术理论思考得比较深，回答问题也常有自己独到的见解。记得在一次海上单舰对抗模拟战术考试中，根据教员给予的诸方面条件，其他学员设置的都是拦截模型，唯有我设置了追击模型。

我认为毛泽东提出的集中优势兵力各个歼灭敌人的战术原则同样适用于海战。在单舰对抗中特别是在敌舰被击伤的情况下，抓住战机追上去将其击沉，符合“伤其十指不如断其一指”的战术原则。消灭对手的有生力量，不仅使其一时难以部署反击，还会对敌

产生巨大的心理威慑作用,可以达到不战而屈人之兵的效果,这是最好也是最有效的防御。这一模型设置,教员给我打了高分。

还有一次,是在课堂讨论的教学中,教员结合“甲午海战”介绍了战役中“接敌、展开、攻击、撤离”四个阶段的要领,有的同学根据当年我北洋水师由于指挥不当,队形展开不及时,结果贻误战机、造成全军覆没的沉痛教训,谈了自己的看法和体会。而我却根据现代化武器装备特别是导弹具有射程远、精度高的实际,对海上战役四个阶段的理论提出质疑。

我认为现代海战应当在接敌的同时就进行攻击,“展开” 这个阶段完全可以忽略。我提出的问题让教员感到很为难。改变“四个阶段”的论点作为教员来说没有这个权力,否定我的观点又缺乏充分的理由。他想了想后作了这样的引导:“军事理论和各种条令是对以往战争和管理的概括和总结,而战争的最高境界是消灭敌人,保存自己。无论是学习理论还是贯彻条令,都是为这个大目标服务的,希望大家在未来的军事实践中,能正确地创造性地运用和借鉴前人的经验, 为保卫祖国领土完整、捍卫国家的海洋权益作出贡献。”这次,教员虽然没有正面表扬我,但后来他说他为我的思考深感欣慰。

在广州舰院的第一次班务会上, 我的开场白是:“既然时不我待,就得分秒必争,甚至秒秒必争……”我和我的同学都有一种学习紧迫感,时代紧迫感。我学习的特点是讲究效率,下午抓紧时间把作业做完,到了体育锻炼时间就去打球、跑步。每年夏天,还要回到飞行部队参加飞行。原来以为再也飞不成了,现在发现学习期间上级还给我们保留了飞行的机会,我简直高兴极了。

入学时,我的成绩不是最好的,是第三名。毕业时,我总评第一。单科成绩方面，从基础课到战术、武器、航海，我有将近一半的课程都是第一名，平均分比别人高出很多。拿着舰艇指挥专业本科学历和工学学士学位，我仿佛看见，诱人的大海正微笑着向我招手。

火焰与试金石

勇敢，是灵魂燃烧出的火焰，是男子汉的试金石，也是军人必备的品格。

我一直都是个胆大的人，开飞机时敢尝试教员没教过的动作，开军舰时敢尝试大家没用过的办法。在广州舰艇学院学习时发生过一件有趣的事，我把它称为眼镜蛇事件。

一次，我们到疗养院体检，两天后，我们返回学院二楼宿舍，一条眼镜蛇不知怎么爬到我们楼上学员队干部办公室里来了。晚上，我们在电视室看电视的时候，只听到隔壁队干办公室传来一声惊叫："蛇！"我和大家赶紧跑过去看，墙角真的盘着一条蛇。

我们边看边研究，一位来自吉林的同学说："它身上没有花斑，是一条无毒蛇。你们等着别动，别打死它，我去找个罐头瓶，抓活的。"我们家乡蛇很多，我小时候接触过不少，有些经验。我仔细打量它，发现这条蛇尾巴有点秃，不像无毒蛇。我说先别动，就用一条棍子捅了它一下。它"嗯"地抬起头，呼呼地作响。我见它颈部扁平，就叫了一声:“眼镜蛇! ”

一听说是眼镜蛇,来自辽宁的一名同学吓得“腾”地一下跳到桌子上面，把平时打篮球练就的弹跳功夫全用了出来。过了一会儿,眼镜蛇见我们没有攻击它,头又低下去了。

后来,我用一根拖布杆对准蛇头,猛地一捅,把它顶在墙上。我一用力,蛇头被挤扁了,蛇身抽搐了几下后软软地瘫在地上。

我把死蛇拎起来量了一下。好家伙,这条蛇足足有77厘米,在眼镜蛇家族中,算是大个子了。我用伞刀把蛇皮剥下来,然后告诉炊事班,把蛇肉冻起来,明天中午烧个蛇汤喝。蛇胆我也给取了出来,问大家:“谁吃? ”大家你看我,我看你,谁也不敢吃。

别人越是不敢吃,我却越是举着蛇胆让他们吃。我说:“北方来的,你们蛇见的少,吃的少,这好东西理所应当由你们来享用。”北方的同学个个吓得连连摆手。我又拿着蛇胆对南方来的同学说:“南方人什么都敢吃,蛇更是美味佳肴,要不你们吃吧! ”南方的同学也没人敢吃。我说:“没有人吃我吃了啊,你们准备叫救护车吧! ”说着我就张嘴把蛇胆吞下去了。有人说吃蛇胆对眼睛特别好,我没什么感觉,倒是把肚子吃坏了,拉了几天稀。

第二天,我们每人喝了一小碗蛇汤。我把那张蛇皮晾在了窗户外面,本来想做一个工艺品,作为在广州学习的额外收获。不想气候潮湿,蛇皮发霉发臭,只好扔掉了。

这算在广州学习时一个有趣的花絮,在我看来,敢于尝试是一种快乐,尤其是尝试成功后的快乐,真是无与伦比。现在阅历多了,做事反而谨慎了,凡事三思而后行,但只要是我想好了的事,还是不怕冒风险。

胆大并不等于勇敢，但胆小懦弱的人绝对不可能成为一个勇

敢者。要做勇敢者，就不能怕冒风险。航海和飞行一样，都是高风险的职业，都是勇敢者的事业。

勇敢，是灵魂燃烧出的火焰，是男子汉的试金石，也是军人必备的品格。

“耳聋眼瞎”

舰艇学院颁发的那张全班第一的成绩单，并不是走上现代化战舰舰长岗位的通行证。

1991年5月，我从广州舰艇学院毕业，来到东海舰队某驱逐舰支队533护卫舰担任副舰长。这是一支功勋卓著的海军部队，是镇守我国东南沿海的“铁拳头”。半个世纪以来，从这支部队走出了100多名将军。上世纪九十年代，一批新型现代化战舰带着庄严的使命加入该支队战斗序列，使其如虎添翼，焕发出勃勃生机。我很高兴自己加入这样一支队伍。

听说来了个飞行员出身的业绩不凡的“新型”副舰长，水兵们都怀着钦敬的心情围着我七嘴八舌地问这问那。空中历险、沙漠戈壁、雄鹰光环着实让水兵们敬佩不已。

然而，这里并非是雄鹰翱翔的空域。搏击大海远比翱翔蓝天更加艰难，如果不能迅速长出硕大的击水战浪的“鳍”，钻进大海的雄鹰无异于一只落汤的鸡。

一艘新型的现代化战舰，是一个国家现代科技水平和现代工业水平的综合体现。这个高科技城堡像八卦迷宫一样考验着每一个新来的舰员。的确，从天上来到海上，尽管经过了4年从基础理论到舰艇专业的深造，但对舰艇的条令条例、操演部署、一日生活管理等，我充其量只能算是一知半解。更重要的是，由于新技术的发展，装备更新换代比较快，书上讲的、实习舰上学的和自己所任职的舰艇大不一样，让我一时摸不着头脑。

我这个副舰长顶着“飞行员舰长”光环走上属于自己的现代化战舰，却不知道舰上的路怎么走、饭怎么吃；不清楚各战位舱室的位置、进出通道、管线接口；不熟悉舰艇的条令条例、操演部署、一日生活管理、武器装备型号和性能等等，那感觉就如同初进大观园

1989 年海上实习，在舰上

的刘姥姥，别提有多尴尬了！

记得上舰的第一天，尽管我像当年学飞行默记航路图一样，想努力记住自己所走过的每一条通道。但是这5层楼高的战舰有数百个舱室、几十道舷梯，要一下记住这么多谈何容易！

说来汗颜，第一天上舰我竟然一时找不到自己的战位，在迷宫一样的舰艇上迷路了。一名水兵礼貌地把我领到指挥室，我说了声谢谢，感到脸有点发烫。

上了军舰甲板，我好像突然变得耳聋眼花了：拉部署、跑战位，用的是广播铃声信号，听不明白；舰艇通信联络指挥，很多时候用的是信号旗语，46面信号旗排列组合表达的数百种特定语言，我也看不懂。缺乏水兵生活经验的我，在舰艇的基本常识方面"露怯"，一度成为他人的笑谈，令我十分苦恼。

面对我这个"新事物"，带我的护卫舰大队领导不客气地说："小柏啊，别看你上天飞过，在舰院又是一流学员，上舰干，比起我们这些海上土生土长、酸甜苦辣都尝过的舰艇干部，你这个副舰长其实就是个高级兵！"

基于响鼓要用重锤敲的思想，大队领导先敲了我一记："照我们以往的经验，学校毕业的一流学员不一定都能干出来，反倒是三流四流的回来干得好。为什么？知道自己有差距，勤奋！"

我心里那个憋屈啊，真是难以言说。领导继续敲打："天上飞的漂亮，不一定海上干的潇洒，学校的一流学员不一定能成为一流的指挥员，关键看你上不上路。"

这一"锤"确实敲掉了我刚毕业时的良好感觉，让我体味到了一种久别的滋味：从零起步接受人生挑战的强大压力和刺激感。

我知道，从高等学府走上高科技新型战舰，有一个理论知识到

实践能力的转化过程。当年在飞行学院，虽然从课堂上看着挂图和课本认识了飞机，但真正坐进机舱的时候，面对数不清的仪器仪表，也曾感到过眼花缭乱。可是，时间不长，就可以蒙起眼睛，一伸手就能准确地触摸到各种电钮、开关、手柄。这是千万次机械重复强化的结果。

如今，面对集中了我国先进科技成果的现代化战舰，我突然发现自己的“思维程序”与“应用软件”受到了强有力的挑战：仅靠手疾眼快无法在精密雷达的荧光屏上准确判断哪个是要打击的目标；单靠类似条件反射般的敏捷反应不能够在错综复杂的空情、海情中分析战场态势；凭着死记硬背的功夫无法把全舰十大武器系统、几十个专业、上百个战位的所有信息都载入大脑。

高技术、新装备像一道难以逾越的险关横亘在我的面前。的确，舰艇学院颁发的那张全班第一的成绩单，并不是走上现代化战舰舰长岗位的通行证。

我要走出“迷宫”，在这现代化的战舰上站稳脚跟，就必须毫不客气地用拳头将自己击倒，然后再依靠自己的力量重新站起来。我坚信，再复杂的高技术领域也绝非不可逾越的万里长城。只要努力就一定能跨过去！就一定能在这座浮动的“海上科技城”站稳脚跟！既然当年能从戈壁滩的跑道上冲上蓝天，就一定能在现代化战舰的甲板上挺起腰杆！

大队领导使用的“激将法”正好适合我这种不服输的人，我把心里的憋屈转化成了前进的动力，下决心在短时间内成长为一名合格的舰艇指挥员，实现空中到海上的华丽转身。

上不上路，你们就看我的实际行动吧！

学无先后，达者为师

“这是什么舰长，竟然要向新兵蛋子请教问题。”“柏舰长的脸皮也真够厚的，抓住谁问谁，也不怕难为情。”“真没见过这样的舰领导。”

尽管在院校学习了不少理论，但是，与实际相比，还是有很大的差距。

记得实习的时候，看到护卫舰的缆绳那么粗，心里不禁想：这么粗的缆绳，帆缆兵怎么能用它打结把军舰系住？怎么打结？系缆柱“8”字带上去，水兵上舰的基本常识而已！听到大家说“水鼓”这个词，也不知道它是什么东西。心里猜：是不是平常见到的漂在水面上的那种黑黑的铁家伙？其实，那是渔民渔网上的浮子。水鼓是港湾里舰船系缆用的漂浮装置，水下有较大的锚，起到防风固定的作用。

像这些最简单的概念性的东西，刚上舰的时候，我都不太清楚，完全像一个新兵。为了让自己尽快变成老兵，我一边看《舰艇条例》、《训练大纲》、《训练条令》、《舰艇一日生活制度》等规章，一边

向所有人学习。

作为副舰长，我不怕领导的批评，也不怕被部属笑话。让我感到寝食难安的是，舰艇现代化程度高，知识的空白远远不止水兵常识！作为一名舰艇指挥官，我要熟练掌握并运用自如的舰艇条令多达数千条，各种作战、训练、生活部署不下几十部，而全舰现代化武器系统的技术资料足以载满两辆大卡车！

成为一名合格的水兵，容易；成为一名合格的舰艇指挥员，难！

但我清楚，我们这些为数不多的“飞行员舰长”肩上担子有多重。这种复合型人才培养模式在中国能不能行得通，当初的决策部门拭目以待。我们就如同先行者，再难也得顶风前行，在军事变革的大洋中开拓奋进。

1989 年在舰上进行海上实习(右)

542舰海上训练中

海军、舰队、支队的首长在关注着我，祖国在关注着我，人民在关注着我。我不能退却，我不能趴下！在脱胎换骨的“炼狱”面前，我感到个人名誉无足轻重，我没有权力辜负祖国和人民赋予我的重任。

为了搞清楚雷达天线与平台连接的“自锁器”装置，我随雷达班战士一起爬上全舰最高的桅杆顶端；为了弄明白主机工作原理，我随主机班战士一起钻到全舰的最底舱。遇到不懂的问题，我就掏出小本子，拽着人刨根问底。上至舰长下至水兵，逮到谁问谁，从不怕人笑话。每天手里抱着本舰艇条令或院校教科书，不停地在全舰上上下下跑，每个系统、每个舱室挨个儿摸。哪儿出现故障我就出现在哪儿，直到故障排除。

舰上检修，我跟水兵们一块儿顶着盛夏的骄阳，趴在甲板上用刮刀和钢丝刷子除锈，打油漆。蓝色的作训服被汗水浸透，又被烈日烤干，留下一摊摊白花花的盐碱，可嘴里还在不停地问：“油漆打几遍？除锈漆打到什么程度？什么时候涂面漆……”

“这是什么舰长，竟然要向新兵蛋子请教问题。”“柏舰长的脸皮也真够厚的，抓住谁问谁，也不怕难为情。”“真没见过这样的舰领导。”渐渐地，飞行员舰长的神秘光环在水兵的眼中消失了。“你可得注意威信，没有了威信你这个舰长还怎么当呀！”一些部门长从关心我的角度私下提醒我。我不以为然地笑笑。学无先后，达者为师。我不懂的水兵懂，能者为师，现阶段他们就是我的老师。

出海训练，我仔细听舰长口令是怎么下达的。比如，下达“演习战斗警报”口令时，是先拉铃再下口令，还是先下口令再拉铃？这里面都有学问。你先拉铃，战士可能闹不清是怎么回事，容易造成混乱；先下口令，就不存在这个问题了。下达口令的轻重缓急，也有学问。反正这些我都不懂，就干脆从头学，跟在另一位副舰长的屁股后头，不懂就问。

舰艇火炮攻击课目训练，需要高速接敌，才能占领攻击阵位。舰艇高速航行时，摇摆很大，遇到大风大浪，颠簸更剧烈，近一半的舰员都会晕船呕吐。新上舰的我，更不适应。我头冒虚汗，脸色发白，胃里翻江倒海，真想找个地方躺下来。但是，想到这是难得的学习机会，我还是坚持咬牙挺住。我拿着一个小本子，始终站在舰长身边，把各个武器系统和各个战位上报的情况与舰长所下达的每一个口令都详细地记录下来。这样，既可以协助舰长进行作战指挥，又便于我系统掌握攻击课目的指挥程序。

就这样向舰艇上的每一个人学习，不仅跟着舰长和副舰长学，也跟着部门长、士官甚至是向普通的水兵学，一点一滴地充实自己。

敏而好学,不耻下问,三人行必有我师。在我看来,虚心学习不会被轻视被笑话。我也不怕被笑话,不怕被轻视。如果将来自己当舰长了什么都不懂,那才是别人的笑柄,才是个大笑话,才会被全舰官兵轻视呢。

成为“海博士”

为了这张沉甸甸的合格舰长证书，我付出了4年的心血，进行了4年的冲刺，积蓄了4年的力量。

记得我们刚到舰艇部队报到时，支队凌敬昌政委找我们3个人（我们同学分到支队的是3个）谈话，对我们提了4点希望：一是要打牢思想政治基础；二是要从头学起，刻苦掌握技术技能；三是要学会管理部队，过去飞行员是自己管自己，当舰长下面有近200名干部战士，要管理他们；四是要继续锻炼身体，保持健康的体魄。这为刚刚上舰的我们指出了前进的方向。

我给自己制定了一个“从上到下，从内到外”的学习计划。先熟悉舰艇看得见、摸得着的武器装备，摸透所有的战位、舱室，再全面掌握装备的构造、原理、操作使用以及战术性能。而面对电子、光学、机械、制导等几十个学科的高技术，学习必须讲究方法和技巧。两卡车的技术资料光靠死啃是不行的，那是书呆子干的事，应该在应用中熟练掌握资料。另外，书本的内容有轻重，须记的当记，不须

孜孜不倦

记的有印象即可，需要的时候，能找到它就行。

功夫不负有心人。渐渐的，我像当年熟悉领航图一样，逐步地熟悉了现代化战舰数百个舱室、上百个战位；像熟悉飞行条令一样熟悉了几千条舰艇条令和各战位操演部署。

接着，我又一鼓作气围绕舰长的职责攻关。军舰的指挥控制中心，是战舰的“神经中枢”，全舰所有武器装备使用的各种信息，通过密集的网络汇集到这里。作战时，舰长就在这里依靠先进的电子指挥手段实施指挥。为了攻下这一全舰高科技最密集的“制高点”，我自学了所有的技术资料，写出了20多万字的读书笔记。舰长指挥训练时，我就站在舰长的身后，一句一句记下舰长的口令，用心揣摩。整整两年，我先后配合了2位舰长的全训考核训练，终于熟悉了现代化指挥控制中心的装备系统及战斗技术性能，为实施全系统、

全功能指挥舰艇作战训练打下了良好的基础。

在海军，人们习惯把包括航空、航天、航海、电子战、计算机等30多项内容的全训合格舰长称为“海博士”。1993年10月，我被任命为海军542舰实习舰长。542舰是一艘正在厂里建造的新型战舰。命令下达之后，我即刻到舰上报到。组织舰员建立健全各种规章制度，制订基础训练计划和各项工作目标。率领舰员进行接舰培训，试验试航。一年后，舰艇出厂，正式交付部队，我随即带领全体舰员按训练大纲进行全训。

1995年11月，毕业刚满4年的我获得了梦寐以求的合格舰长证书——那一天我刚满33岁。为了这张沉甸甸的合格舰长证书，我付出了4年的心血，进行了4年的冲刺，积蓄了4年的力量。

33岁的我脱胎换骨，完成了从蓝天到大海的“软着陆”，成为名副其实的“海博士”。从此，我的心胸不仅具有蓝天的高远，更具有大海的深邃。过去的战友见到我，都说我变了，变得谦和内敛了，少了当飞行员时候的那股虎气。而我分明感觉到内心世界的丰盈和强大。

闯大洋的好男儿需要一个博大胸怀，我喜欢老战友对我现在的评价。

聚焦圆心的快乐

其实人生并不复杂，只要你排除干扰，拒绝诱惑，放弃贪婪，朝着既定的目标轻装上路，就不会有那么多的迷茫与痛苦。

目标的实现来源于注意力的高度集中。注意力的高度集中，是一种人生境界，也是一种能力。当年飞歼击机，特别需要这种能力。要在极短的时间内关注众多的仪表、按钮及各种飞行要素的判断、操作，就必须排除飞行以外的所有杂念，让大脑在空中保持纯净。所以注意力分配训练，是飞行员的一门重要课程。

记得第一次在战斗团打地靶训练，是大队长带飞。事前听老飞行员们叫过难，说打优秀太不容易。我心里没数，上天以后边飞边想着射击要领，想着大队长的提示和各种动作的进入时机，繁杂的念头干扰了注意力，结果顾了风向风速，顾不了修正光点，跑了几发炮弹，成绩没能达到优秀。着陆后，大队长针对我空中飞行所存在的问题，又细心地告诉了我一遍操作要领。其实我心里很清楚，这次的射击成绩没有达到优秀，不是技术问题，主要还是个人心理状态问题。空中考虑问题太多，想兼顾的问题太多，没有真正做到保持心理的宁静，没有把全部的注意力集中到最终的瞄准、稳定、射击上来。我反复告诫自己：下次打靶，除了怎么打好，你什么也不要多想！

第二次是单飞，我再没让注意力有分毫偏离，我的大脑指挥部严密指挥着一个个动作：在高度1500米上逐渐向靶场接近，时机一到，立刻操纵飞机呈倒扣状态转向目标，对准跑道附近靶场进入俯冲，雷达光点逐渐向靶心靠近，控制着飞机提前压住目标，高度600米——打！

短暂的一秒钟内5发炮弹准确地射入地上的白色圆点，打得靶心白石灰烟雾升腾。

拉起来，第二圈，又是5发炮弹。再拉起来，第三圈，第四圈……

那天太阳特别好，湛蓝的天空特别纯净。我的心情也很好，头

1989年海上实习，水上飞机场同学留念（前排右二）

脑也像蓝天那么纯净,怎么飞怎么顺,人的整个机体进入了一种和谐统一的最佳状态,20发炮弹全部精确地命中靶心。

地上的战友们"嗷嗷"喝彩,这样高的命中率在我们团历史上是从来没有过的!那天我特别真切地感受到,作为一名飞行员,没有比这种时刻更令人快乐了。

快乐的事总是难以忘怀。在天上,我集中了全部注意力只对准那一个圆心,其他什么都不想,"嗖嗖嗖",靶心腾起白色烟雾,那感觉真是太好了!回忆的次数多了,我悟出了一个人生道理:做什么事都要集中注意力,不要在意那些被别人争来争去的个人得失利害,才能发挥应有水平,把事情做好。

就像当年在蓝天上感受到生命的和谐一样,如今我在大海上又找到了这种感觉:每一次漂亮的靠码头,每一次实弹射击,每一次参加演习,每一次战胜狂风恶浪的返航,都是我排除干扰、倾注全部注意力得来的。从中,我体验到了成功的最大快乐。

聚焦圆心的快乐在某种程度上影响了我的人生观。其实人生并不复杂,只要你排除干扰,拒绝诱惑,放弃贪婪,朝着既定的目标轻装上路,就不会有那么多的迷茫与痛苦。

“老舰艇”的心愿

发展航母是几代海军官兵的心愿，从这个意义上说，我的身上承载着众多“老舰艇”的心愿。

有一部分人总认为自己是千里马而无伯乐，总认为自己才高八斗而没有平台，其实这是对自己的误读。一是未必才高八斗。才华横溢永远不是自己说的，需要别人的评判。其次，个人的力量永远是渺小的、微不足道的，成就某项事业必须依靠集体的力量。

旧中国的军队也有能人，但总是一盘散沙、受人欺侮。原因很多，缺乏组织与合作精神便是其一。在社会分工越来越细的今天，无论大社会还是小团队都需要团结合作。唯有团结才能形成合力。军队更是如此。

按照我国海军人才成长规律，一名水兵要成长为护卫舰舰长，至少需要16年的时间。即使在科技高度发达的西方大国，一名舰长的培训周期至少也要14年。然而，上级决策部门为我们这批飞行员舰长设计的成才时间表却只有4年。

汇报舰载作战指挥控制系统

在4年的时间内，我在3艘舰艇上任过职，从见习副舰长、实习副舰长、到副舰长兼舰务长、副舰长兼作战长，再到实习舰长、舰长，共担任过6个职务。这在海军是没有先例的。

在东海舰队这支英雄的海军部队，许许多多资格比我老、海上经历比我丰富、舰艇操纵技术和指挥能力都在我之上的“老舰艇”，以海洋一样宽广的胸襟，鼓励我踏着他们的肩膀向上攀登。因为他们明白，没有飞行和舰艇这两个军事指挥学科的嫁接，就不可能建立起海空一体的概念。这个概念不能仅停留在理论上，需要我这样的人为载体去实践。

建立海空一体的概念，其远景目标不言而喻，那就是发展航母

战斗群。中国拥有十分漫长的海岸线和辽阔的海洋国土。在这样一个辽阔的海洋国土上维护正常的国家权益，要有像航空母舰这样拥有更强制海制空能力的作战平台。发展航母是几代海军官兵的心愿,从这个意义上说,我的身上承载着众多“老舰艇”的心愿。

站在舰长的位置上我心里很明白:众人划桨才能开大船,是众多的桨手把我推到了舵手的位置上。

我的成长进步离不开“老舰艇”们的支持和帮助。每当遇到困难,“老舰艇”们殷切的目光就会浮现在眼前,鼓励我迎难而上。将来,我也会成为“老舰艇”。长江后浪推前浪,我也会以同样宽广的胸怀鼓励后来者努力超越。

这就是传承。

“不试试怎么就知道不行！”

大家都捏着一把汗，甚至有人下意识地催542舰：“快走！赶快走哇！”我神色未变，心里清楚自己这么做是对的。

我这个人喜欢自己琢磨事，我有句口头语：不试试怎么就知道不行！我很喜欢未来学大师托夫勒在论述未来战争时说的一句话：“新的军队需要军人能开动脑子，有主动性，能提问题，甚至敢于向权威挑战。”

离漂泊舰训练，支队传统的做法是留二缆先倒车后进车再离开漂泊舰，这种方法一直为几代舰长们沿用。然而在实际训练中，这种方法的缺点很明显：用车较多，机动性差，尤其是在风浪较大时，进车容易引起舰艏碰撞、挤压，停车后在缆绳拉力下又会使两舰靠拢，难以分离。虽然这种方法有这么大的弊病，但没人敢破老做法。

一天，总部机关的一位代职参谋在542舰实习舰艇独立操作，进行离漂泊舰训练。那天海上风特别大，舰艇在小山丘似的涌中上下颠簸。本来风、流条件就不利，代职参谋用的又是传统方法，舰艇顿时陷入困境：一会儿左进一，一会儿右进一，一会儿一车进一车退，来回拉动，几番动车动舵，542舰就是离不开漂泊舰。见此情景，在一旁保驾的大队长说："柏舰长，你上。"

我一就位，就下口令："带一缆，解二缆！"

大家吓了一跳，这是什么套路？眼见着二缆在我的命令下已经迅速解开，随舰训练的一位上级机关首长急了，叫道："小柏，你这么干不行，根本离不开！"

我没有急于解释，而是下了个"右退一"口令，两艘军舰就边退边分开了一点，再用一个车，又慢慢分开了一点。是时风大涌急，起伏的涌托着两艘舰摇摇晃晃，看上去随时都有相撞的危险。大家都捏着一把汗，甚至有人下意识地催542舰："快走！赶快走哇！"

我神色未变，心里清楚自己这么做是对的。其实我已经对离漂

在作战指挥控制系统前，与战友一起研究探讨战术战法（左一）

泊舰方法进行过深入的研究，现在使用的“留一缆倒车法”，就是我在发现老方法存在的问题后，找来许多航海资料查阅，在一本书上发现的。

我专门对此法进行了流体力学的研究分析：车的力量能使舰转向；舵的力量也可以让舰向外转；打出的流作用在两舰之间，也是使两舰分开的力量；往后倒车时，舰是带交叉角向外运动的，又能产生一股力量。虽然这4种力量都不大，但加在一起就很可观，就会使舰自然地分开。

书上虽有这种方法的介绍，但没人敢试。既然理论上行得通，为什么不付诸实践？至于实践是不是冒险，我认为，把握准了的事情不能算是冒险。当然第一个吃螃蟹的人是要有胆量的。

舰在轻轻往后退，角度越张越开，恰到好处时，我下令解一缆，随后倒车，542舰就迅速地离开了漂泊舰。

整个过程简洁明快、平稳轻巧，毫不拖泥带水，让舰上的官兵看得发呆。

上级机关的首长高兴地说：“不简单哪！你创造了一种新方法。”

我回答道：“首长，这方法不是我创造的，是书上抄来的。”

从这以后，大队所有舰艇离漂泊舰，都改用了我“抄”来的新方法。

还有一次在海上执行任务，有条管路漏水，弄坏了主炮电机的线圈。因为主炮电机功率大，精密度高，所以主炮电机故障，工厂规定部队自己不能动手检修，必须请工厂专家来排故。

我把有关分队长们找来商量，问大家自己修行不行？大家说可以试试看，但就怕搞坏。我说，工厂修不也可能搞坏吗，既然都有可

能搞坏,那我们就自己干。不就是责任问题吗?将来打仗出现故障,难道还得从海上跑回来找工厂修?

结果在我的带领下，临时攻关小组一边航行一边连夜抢修电机。200多斤重的大电机转子拆下来又装上去,折腾了一夜,真的修好了！这一项费用给部队节省了数万元,但关键是让大家学会了本事,要是在战场上出现了类似的故障,到哪里去叫工人,怎么能依赖工厂呢?

我的“试试”并不只是在学习时、在飞行中、在军舰上。家里做饭,我也是要打破常规的。比如我会独出心裁用电饭煲烤面包片,用高压锅烙饼,用别人不曾认可的方法配菜。我的每一个念头冒出来,妻子都没听说过,可做出来的东西就是好吃。既然是尝试,做出来也有失败,也有让妻子和女儿皱眉头咽不下的情形。这些风味独特的“私家菜”成了我们家招待客人的“拳头产品”。

现代社会倡导创新,凡事敢于尝试,才有可能创新。

“要干就干一流，要争就争第一！”

他用英文在留言簿上写道：“今天是我十分难忘的日子，中国军舰一流的舰员和一流的舰长给我留下了美好的印象。”

1997年9月，542舰迎来了一位特殊客人，他就是率舰来访的美国太平洋舰队司令克莱明斯上将。这位海军上将是个干瘦的老头儿，虽然4颗将星在肩上闪耀，但他的外形却与我想象的美国太平洋舰队司令相去甚远。

克莱明斯上将身材偏瘦不说，还有点驼背，戴一副眼镜。那天他顶着海军陆战队的贝雷帽，走到码头的铁轨处，弯着腰仔细地看，像是担心被铁轨绊倒。我一看，这哪像一个军人啊?!

以往我在国内或国外接待过不少国家的高级将领，总的感觉是：南亚地区的国家，因为总的技术水平相对落后，他们在舰上提问题时，很少一语点到最关键的武器装备和技术。俄罗斯来访的高级将领，往往摆出一副居高临下的架子，流露出不屑一顾的神态，他们总认为俄罗斯的武器装备是最先进的。欧洲国家的将领，非常注重军人仪表，站有站相，坐有坐相，甚至连吃饭时都把腰板挺得笔直，在舰上提问时，也颇具绅士风度，稍微带有涉密或不便回答的问题，他们便不再追问下去。与美军接触，我这是第一次。说实话，我对这个瘦老头的第一印象，并不好。

参观初始，他面无表情，很少发表评论。却常常抓住机会赞扬美国海军“一流”、“出类拔萃”。

上舰后，我给他介绍542舰的情况。克莱明斯听完问了几个问题，我才肃然起敬。他问的问题非常有层次，有水平，抓住了舰上的关键武器装备，我感到这个人确实是有真才实学的，他的学识与他

美国太平洋舰队司令来访时，在542舰签字留言(右一)

接待美舰来访时，与美国女舰员合影

的职务是相匹配的。中国有句俗话:“人不可貌相,海水不可斗量。”这句话用在克莱明斯上将身上再合适不过了。我对他的印象好起来。

我陪他视察军舰的各个部位。当别人向他介绍我是飞行员出身的舰长时,他很感兴趣,话明显多了起来,表情也丰富了。他向我介绍美国的飞行员，说在美国飞行员当舰长的有很多，干得非常好。后来他又问我飞什么机种,我说是歼击机。他马上说歼击机厉害,美国的舰长有不少是飞直升机的。最后,他用英文在留言簿上写道:“今天是我十分难忘的日子，中国军舰一流的舰员和一流的舰长给我留下了美好的印象。”

后来我又见到过他,他老远就和我打招呼,看样子是把我记在心里了。

其实我未必是什么一流的舰长，在我们海军有很多舰长比我优秀得多。不过把目光始终瞄准“一流”，却是我的习惯。

“要干就干一流，要争就争第一！”

也许是飞行员严酷的淘汰制度带来的危机感吧，在人生道路上，我从来不敢懈怠，哪怕达到阶段性的目标，也不敢坐下来歇口气。我经常挂在嘴边的一句话是：怕被淘汰！

想当年进航空预校训练，130名同学被淘汰了30名；飞初教机，17名战友被淘汰了6名；飞高教机10名战友被淘汰了4名；后来参加飞行员舰长班学习，也有人被淘汰。这期间，我自己两次险些被淘汰。

如今，尽管我已不再是一名飞行员，尽管我已经在舰上站稳了脚跟，尽管我已经拿到了合格舰长证书，尽管我一次次地战胜了挑战，但危机感却始终追随着我。

当今时代，高新技术在世界范围内迅猛发展和广泛应用，引发了军事领域一系列革命性变化。前几年，我曾率舰出访，也接待过许多外军代表团来访，感受非常深刻。世界军事发展给我军提出了严峻挑战。作为一名军人，如果对如此严峻的挑战麻木不仁，是极其危险的。

如果说我成长进步比别人快，大概是我的危机意识比别人强吧。竞争无情，要免遭淘汰，就要不断地学习和进步。强烈的危机意识促使我创一流，争第一，不断迎接和战胜新的挑战。

舰长和水兵是等值的

一个水兵出问题，就可能导致整个战舰战斗力链条的断裂；而一条战舰的战斗力没能发挥，就可能导致一个编队战役目标的破产；而一个编队的失利就可能导致……

我不敢也不愿继续想下去。

在冷兵器时期，一个人一把刀就是一个战斗单元，就可以形成战斗力。而在舰艇上，一个人是没有任何战斗力的，甚至一个武器系统中的人也不能完全形成战斗力。必须要全舰数百名官兵协同才能把舰艇开出去，把炮弹打出去，形成强大的战斗力。

一艘现代化战舰是一个有机结合的整体，任何一个人的失误都可能造成整个作战训练任务的失败，对此我深有感触。

在一次导弹攻击试验任务中，雷达发生了故障，虽然雷达班长努力排除了故障，但是错过了导弹攻击时间，任务以失败而告终。一个战位的失误影响了一场战斗，让人扼腕叹息。

还有一次单舰航行训练对我的启示也很大。

某日傍晚战舰返港靠码头，舰艇速度并不大，前甲板缆绳系好以后，我下达口令：“左退一！”舰艇没有反应还是往前开，等了好几秒钟，车没有来。我再次下达口令：“两退一。”车还是没有来。舰艇继续往前滑，缆绳绷得紧紧的，发出“嘎嘎”的响声，系缆柱上冒起了青烟。几千吨重的战舰在强大的惯性推动下向码头冲去，负责系缆的战士害怕了，把缆绳一松。粗大的缆绳“啪”地打在另一个战士的腿上，我气得拿起对讲机就骂：“机舱怎么回事？为什么不来车？”

主机兵的反应速度太慢！眼看军舰就要挤压在码头上，我赶紧下达“两退二！”也就是紧急倒车的命令。终于来车了。紧急倒车的强大后退力拉住了战舰，舰艏擦着码头的橡胶碰垫缓缓而过，流下一道乌黑的痕迹。

这两件事情使我陷入了久久的沉思：歼击机是以单机为一个

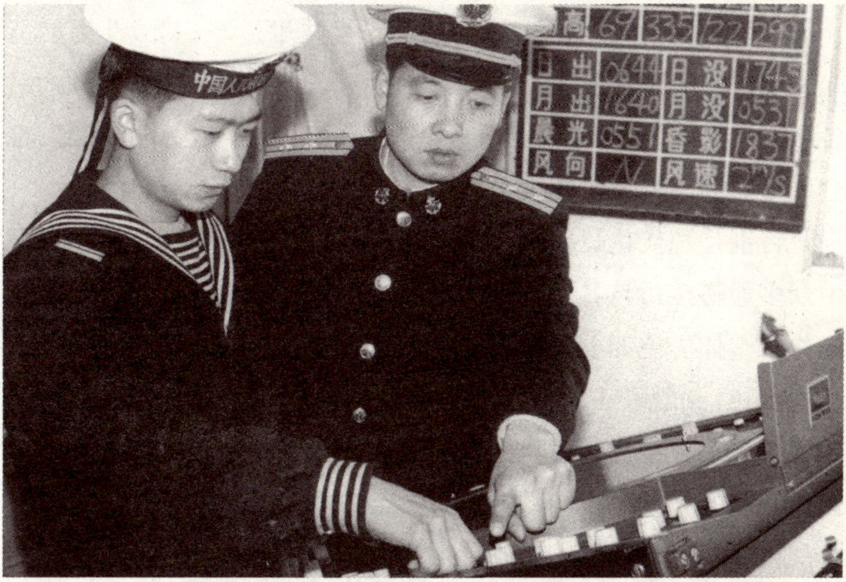

在驾驶室指导战士训练

与舰载直升机飞行员在一起交流训练经验

作战单位,由一名飞行员操纵,只要自身技术过硬,其战斗力就能充分发挥。军舰也是一个作战单位,而舰长对舰艇的操作必须通过各个职手来完成,哪怕一个兵、一个战位、一个环节出了“故障”,都会严重影响整个舰的战斗力发挥。

特别是现代化战舰,全舰是一个高度综合的网络化的大系统,由众多通道接口将各个自动化、信息化的子系统组合成一个有机的作战整体。比如要完成一个主炮射击的技术动作,从发现目标、录取目标、到舰长下打击的口令,再到自动火炮实施射击,这中间要经过诸如火控雷达、指挥仪、随动系统以及火炮等一系列高技术武器装备的处理程序。如果在这个系统链条上的哪一个部门、哪一个战位、甚至哪一个职手出了问题,就会导致整个战斗行动的失败。正因为如此,海军的全训合格舰长考核,是全系统、全功能、全职手的考核。应考的不仅是舰长一个人，全舰官兵都要跟着一起考，一个舰员不合格，舰长就过不了关。

过去常说“兵熊熊一个，将熊熊一窝”。但是，在现代海战条件下，不仅“将熊熊一窝，兵熊也照样熊一窝”！因为现代化战争是系统对系统、整体对整体的综合较量。一艘现代化军舰的战斗力生成和提高，要依靠舰上每个官兵素质的提高。一个水兵出问题，就可能导致整个战舰战斗力链条的断裂；而一条战舰的战斗力没能发挥，就可能导致一个编队战役目标的破产；而一个编队的失利就可能导致……

我不敢也不愿继续想下去。

正是基于这种逻辑推理，我提出了兵将辩证法：没有全员合格的水兵，就不会有真正合格的舰长！一名舰长和一名水兵是等值的。

圆形才智说

我的话，让有些水兵发笑了，但我也看到了一些思索的表情。

舰上的水兵常常研究我的脑袋。我的脑袋圆圆的，理短茬小平头，戴3号军帽，和千千万万个普通军人一个样，看不出有什么特殊的地方。但他们心中老有一个疑惑：平时看舰长生活漫不经心，说话也没有什么惊人妙语，却为什么总能在他们想不明白问题的时候，冒出这样那样的新点子、洋点子，把他们的疑难整得清清楚楚、明明白白？这个脑袋里面到底装了多少东西？哪来这么多智慧？

我们舰上的水兵单纯天真，真的很可爱。他们这么偷偷摸摸研究我的时候，我会露出会心的微笑。我知道，他们当中有服我的，也有不服我的，不管服与不服，他们研究我，就说明他们有着破解疑难的兴趣。这种兴趣促使他们动脑筋、花心思，这就是好现象。因为这兴趣背后，或许就是一颗难得的上进之心。

为此，我专门在舰上给大家上过一堂课。我先在黑板上画一个

圆，说那是一个人的才智，然后像切蛋糕一样从中心分出几份。

我指着其中最小的一份说，这是先天的，人的才智不能排除先天的因素。然后又指着稍大的一份说，这是后天学习训练得来的，一个人要想具备完整的知识结构和良好全面的素质，就必须学习知识、接受训练。换句话说，聪明的脑袋是练出来的。最后，我指着最大的一部分说，这是人的潜在才能。根据专家的研究，通常情况下，普通人只发挥了自己潜能的4%左右，所以每个人都有着极大的可开发的潜能。能否在时代的竞争中成为强者，在未来智能较量的战争中拥有优势，就看你是否肯下功夫开发自己的潜质。这就是我的“圆形才智说”，也是我脑袋的秘密。

我的话，让有些水兵发笑了，但我也看到了一些思索的表情。

其实，事实就是这样的。在这个世界上，天才毕竟是少数，甚至没有。水兵眼中神奇的我，不过是接受过两种知识体系高等教育，接受了开飞机、驾军舰两大专业技能的系统训练而已。但正是这种多层次的教育和训练大大拓宽了我的思维空间，使我的视野更加开阔，让我的潜能得到了比常人多一点点的挖掘。

应该说，潜能的挖掘都是在后天的努力中实现的，所以我也时常告诉水兵们，应该把自己才智中的处女地更多地开发出来，使自己的思维领域更加宽广，然后才能够连贯性地、超前地、综合性地思考和处理问题。到那时候，许多现在看起来是拦路虎的问题，可能就不再是问题了。

巧督学

作为一名当代军人，迎接新军事变革的挑战，光有忠诚和勇敢远远不够，还必须具备驾驭现代战争的高超本领。

随着武器装备的发展，军队专业技术越来越复杂，短兵相接、刺刀见红的肉搏战、游击战，已被高技术的电子战、信息战所代替。说实在的，即使想在战场上当黄继光式的英雄，也已经找不到要堵的枪眼了；要当董存瑞，也找不到喷火的碉堡了。所以，作为一名当代军人，迎接新军事变革的挑战，光有忠诚和勇敢远远不够，还必须具备驾驭现代战争的高超本领。也就是说，既要有“首战用我、恶战用我、突发之战用我”的气魄，而且还要有“用我必胜”的本领。

在542舰当舰长时，翻开全舰人员花名册，我的心情十分沉重：尽管多数军官是大学毕业的，可是从几个单位抽调来的水兵却普遍文化偏低，其中有半数左右是初中毕业生，甚至还有一部分只有小学文化！而且，在现代化舰艇上服役过的，不足十分之一！

怎么办？我只能用心播种，精心灌溉，细心栽培，让高科技的种子在贫瘠的土壤上生根、发芽、开花、结果。

“宁可人等装备，不能让装备等人。”我向全体舰员宣布一个特殊决定：新型战舰正式服役归建之日，每个舰员都必须取得上岗合格证。在我看来，既然舰长是一舰之长，那么，我就有责任让每一个水兵都成为海之骄子。我希望我的军舰能办成一所海上大学，为祖国培养出一批批掌握现代科技知识的智能兵。

经过一个多星期的思考，一个“三百工程”的设想在我的头脑中逐渐形成了。我同政委、副舰长共同研究、设计，在支队领导支持下，542舰关于人才培养的“三百工程”计划出台了。所谓“三百工程”，就是通过2~3年的强化训练，培训出100名熟练的微机系统操作手，100名技术能手，基础课目与使命课目训练100%的合格手。

这样，一个立足现实、着眼长远的全舰全员学文化、学装备、钻业务、掌握高科技的活动在全体官兵中广泛地开展起来。

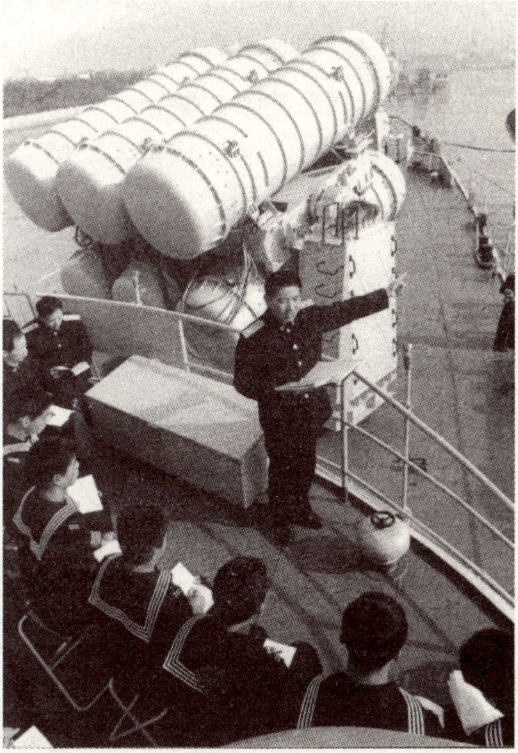

舰上授课

雷达兵洪长辉只有初中文化，舰上分配他学习操纵某新型警戒雷达。他才跟专家学习了三天，就气馁了，觉得自己文化低，心想“没有金刚钻，揽不起瓷器活”，于是硬着头皮找到我：“舰长，这种雷达太复杂，我实在掌握不了，请您给我调换一个技术简单一点的岗位吧。”

“在现代化的战舰上，没有你说的那种技术简单的岗位。”我鼓励小洪，“高科技并非高不可攀，只要发扬蚂蚁啃骨头的韧劲，就一定能学会它，驾驭它！掌握现代化技术的是人不是神，我陪你一起学。”

小洪去上课，我抽空也去旁听，帮他记要点。下课后，我问他哪些地方没听懂，只要有疑问，就和他一起探讨，一时半会儿解决不了的，还帮他联系补课。业余时间，我经常督促小洪补习高中文化课。渐渐地，小洪的学习上了路。培训结束，他的专业成绩达到优秀。后来，他编写的《雷达故障百例分析》还被部队列为专业教材。如今，洪长辉已成长为精通某新型警戒雷达的小专家，执掌舰上3种新型雷达的优秀班长和一级技术能手，被支队树为“精武标兵”。

在我带过的兵中，像洪长辉这样的人还有很多。我始终把每一名水兵都看成是战斗力的重要环节，严格按照未来海战的要求锤炼、摔打他们，逐步把他们培养成高素质的智能型水兵。单兵素质提高了，全体舰员的整体素质也就上台阶了。

在人才力量的支撑下，542舰的整体训练水平和战斗力大大提高。1995年初，支队组织基础课目考核评比。当时支队、大队领导认为，542舰组建时间在全支队舰艇中是最短的，即使得最后一名也情有可原。没想到考下来，542舰竟然夺得了第一名。3月份，大队举行“精锐杯”大比武，共设65个比赛项目。一周比下来，542舰以39个

"第一"的成绩捧得了"精锐杯"。

"三百工程"取得显著成效。542舰不仅拥有了百名技术能手，还崛起了一批"专家级"的士兵群。从那时起到后来的4年间，542舰一共涌现出165名技术能手，15名精武标兵，14人获得大学本科或专科双文凭，26人考取军事院校，1人考取研究生。全舰官兵人人可以掌握舰上的先进装备，"军官学者化、水兵智能型"，在542舰变成了现实。

“百万富翁”理论

领导者的能力正是体现在一个个超出常规而又效果显著的办法中……

向高科技进军，虽然没有刀光剑影、炮火硝烟，但一样有着意志和生命潜能的激烈较量。要让官兵主动作为，培养他们的责任感和事业心，让他们意识到自己肩上的重任显得尤为重要。

1995年我在542舰“三百工程”实施动员会上同全舰官兵有过这样一段对话。

“大家知道我们542舰的造价是多少？”我给舰员提出这样一个问题。

“大概有十几个亿吧。”官兵们七嘴八舌地随意答道。

“如果用全舰舰员的数字一除，得数又是多少？”我故弄玄虚，玩起数字游戏。

“有几百万吧。”大家不知道我为啥这样问。

“这么说我们都是百万富翁喽！”我收拢平日里和蔼的面容，严肃地说，“祖国和人民把价值十多亿元的资产交给了我们，我们应该怎么做？能让宝贵的国有资产慢慢地贬值甚至流失吗？”

“不能！”回答的声音很响亮。

“对，我们不仅不能让它贬值、流失，还要让它发挥最大效益，让它不断增值。这个增值的效益不是别的，就是祖国的领海主权和海洋权益不受侵犯，就是祖国的统一大业不受威胁，就是为祖国的现代化建设事业创造和平安定的环境！”

我的话铿锵有力，舰员们精神振奋。我接着说：“党和人民把这么贵重的装备交给我们，我们就要当好让祖国人民放心的‘百万富翁’！”

激情在舰员们的眼波里流转，我看时机成熟了，突然将话锋一转：“然而，我们许多同志的业务还不够熟练，对手中的武器装备研

舰上检查

究不深不透，有的对业务学习和高技术学习缺乏紧迫感……”

部分舰员惭愧地低下了头。

一个浅显比喻让“三百工程”动员会起到了实效，一场具有特殊意义的攻坚战打响了。

从飞行员到舰长的角色转变从某种意义上说是从“兵”到“官”的转变，或者说是从“部属”到“领导”的转变。在人生旅途中，随着年龄的增长，才干的增加，每个人都有可能做领导。

做领导是有学问的。“三百工程”从最初的想法到成功实践，让我学会了不少做领导的学问。其中，动员会上“百万富翁”比喻收到的良好效果让我深切体会到，要把大道理讲得深入人心，就得用一些超出常规的办法。

领导者的能力正是体现在一个个超出常规而又效果显著的办法中的，我力争做一个有能力的领导。

给舰长“讲课”

哪个年轻人没有争强好胜之心，哪个水兵不想在舰长面前“露”一手？

在现代化军舰上当兵，要掌握那么多复杂深奥的学问，很多战士都有畏难情绪。面对枯燥的理论公式、性能数据、图形参数，一个星期学下来，就有人打“退堂鼓”。失去做一个优秀舰艇兵的信心和勇气，主动看书、钻研业务的劲头就小了，把业余时间用在玩上的就多了。

“年轻人天性好动，不让他们玩，老是关在舱室学习也不一定有效果。”妻子吴洪曾经当过幼儿园教师，有一定的教学经验。她的话使我受到启发，决定先在玩的方面当战士的老师，然后再聘请各专业部门战士担任自己的老师，以“求教”的形式来达到“督学”的目的。

其实这个“计谋”在我刚上舰时就用过。记得刚上舰时，我急于向所有人求教。我知道，有些人表面不说，心里还是不服我这个有

许多东西都不懂的副舰长的。我问到他们，他们也讲，但教与学都很生硬。我就想，我得先跟大家玩到一起，玩得让大家服气才行。

那时候舰上业余时间时兴凑在一起玩电子游戏机，我便挤进去试，因为从没摸过这东西，上机两下就“死”了。大家一边嘲笑我手臭，一边叫我靠边站。三个月后，我玩游戏机的水平一跃成为全舰冠军，不论是打坦克打飞机，还是“超级玛利”、“魂斗罗”，我都玩转了，能从第一关一口气干到最后一关，把大家看得眼花缭乱。这下他们服了，反过来请我当他们的老师。

关系融洽后，我教他们打游戏，他们教我学舰艇知识，教与学就不再那么生硬了。

我想，当了舰长，在督促战士们学习上，这个“计谋”照样管用。

篮球场上，我既当教练，又是主力；游泳，我也有一手绝活；单杠、旋梯，更是我的拿手好戏，一高兴我还给战士来个令人叫绝的倒立。飞行员的身体素质和长期的体能训练，使三十多岁的我在十八九岁的小伙子面前成了名副其实的老师和崇拜偶像，连那些玩劲十足的稀拉兵也成了我的好“徒弟”。我想，就是玩，我也要玩得比他们好，让他们服我。

接下去该请水兵给我当老师了。给舰长上课，谁敢轻率？每个战士在给我讲课之前，都认认真真进行备课，然后把胸脯挺得高高地来到舰长的舱室。结果往往是准备了几天的东西，不到20分钟就讲完了。更可怕的是，我的提问常常让他们措手不及，无言以对。憋得满头大汗不说，在我面前丢了“面子”，让那些争强好胜的年轻人非常不好意思。于是他们再回去翻书本，找答案，把过去一些似是而非、似懂非懂的东西搞清楚。

战士们在想，全舰有十多个大系统，50多个战位，涉及上百个

门类和专业，作为舰长对这些战位以及门类专业有个大概的了解就够了，我为何对什么都有兴趣，而且问得是那么认真、仔细？

“只有我们学会了，才能给舰长讲课呀！”战士们终于明白了这样一个浅显的道理。尽管知道上了我的“当”，被我“下了绊儿”，但谁也没有“吃亏”的感觉，反而认为收获不小。

哪个年轻人没有争强好胜之心，哪个水兵不想在舰长面前“露”一手？我正是巧妙地抓住这一点，培育和激发了战士们学习高科技、掌握新装备的内在动力。

我的“计谋”促使学习与练兵的热潮在542舰形成。从白天到黑夜，从港岸训练到海上锚训，542舰的所有战位都进入了强化训练状态。从航海测速、系水鼓、救生、定位、抛锚到导弹攻击、火炮攻击、主副炮攻击，从单一武器系统到全舰全系统，我逐个部署，逐个考核，哪个操作手的哪个环节不合格，也休想过关。舰上各种装备图纸、说明书与技术资料，我要求官兵一年之内啃完；3年以上老兵能默背、走通本系统装备的“通道、接口、电路”图。

尽管我在飞行学院、舰艇学院所学的知识，足够我与官兵搞“业务交流”而不被糊弄，但我依然成天带头钻在各种资料数据之中。因为只有搞懂搞精各专业门类知识，才能问出高质量的问题，才能把学艺不精的官兵问倒，迫使他们深入学习，直到熟练掌握所从事的专业技能。

和水兵一起玩

“潘什么潘，我在舰上干了四年了，你连我名字都不知道。人家柏副舰长刚来两天就知道我的名字！”

中国的舰长和国外很多舰长不一样。

这些年我们接待了不少来访的外国海军舰艇编队，亲眼目睹了美国、英国、意大利等国舰长们的风度。他们有的军舰后甲板右舷专为舰长保留，除非公务任何人不得踏入。舰长上下舰艇，士兵们要列队于舷梯两旁敬礼甚至吹哨笛。在国外，军舰一靠码头，舰长就挽起等在码头上的太太的手臂，双双乘车去宾馆。他们除了指挥作战训练，不操心其他任何事情，舰上值更全是军士长的事。部下们没人敢同舰长开玩笑，全舰上下都小心维护着这一最高官阶的威严和神圣。他们决然想不到中国的舰长会在甲板上指挥着水兵们刮油漆。

中国舰长和美国舰长最根本的不同，就是中国的舰长除了指挥作战训练之外，还要管理人员、装备，解决思想问题，可以说吃喝拉撒睡全包。这样容易使威严打折扣，但也容易同官兵打成一片，凭感情与他们和谐共处。

有一次，军舰进上海船厂保修，假日里，有人去逛南京路。我不喜欢逛商店，便骑着一辆自行车，带着几名舰员去转浦东，美其名曰去看看祖国经济建设的大好形势。

那天我穿了件普通蓝布夹克，领着换了便装的小伙子们一路飞驰，就好像开发区来了一群快乐的打工仔。大家笑啊闹啊，没有了舰长和水兵之分。一天玩下来，他们跟我更亲近了。回到舰上，工作中我还是舰长，生活中他们却是把我当成大哥的。

管理工作，我有我的特点，就是和水兵一起玩，和大家打成一片，不分彼此。我兜里有烟，旁边的人肯定能分享；你手里有苹果，我也会不客气地要来吃。我感觉，这是熟悉士兵，了解士兵，与士兵建立感情的捷径。我想，假如与士兵都能够玩到一起，士兵还有什

海上聊天

与退伍老兵合影

么不能和你说的呢？所以，舰上打篮球这样的活动，基本上都是我带着战士一起去。光我去还不行，我还把别的领导也拉进去，在场上有意照顾他，多给他传几个球，让他多进几个球，这下把这些领导的情绪也调动起来了。

跟水兵一起玩，很快就能熟悉他们。路遇水兵，一看背影就能叫出他的名字。对于这一点，战士们还是有感觉的。

一次一位舰首长叫一个姓潘的战士，猛然间忘了这个战士的名字，就在那里“潘……潘……”地叫不出来。正好这个战士那几天情绪不好，扭头就顶撞了这位领导：“潘什么潘，我在舰上干了四年了，你连我名字都不知道。人家柏副舰长刚来两天就知道我的名字！”把这位舰首长顶得说不出话来。

这固然是个稀拉兵。对付稀拉兵，我的办法是抓住他的弱点帮助他全面提高。比如说游泳，别看那些稀拉兵平时咋咋呼呼，好像

很强悍，但要说到军体方面，比起我们这些经过正规训练的军官们差得远了，没有几个能游多远的。我就带他们去游泳，先和他们比赛，给他们亮亮“绝活”。结果，没有一个兵游得比我快。还有旋梯、大回转，他们平时根本就不敢练，我当过飞行员，这是家常便饭，我先做给他们看，再教他们怎么练。

其实，稀拉兵只是没有把握好自己，被周围人特别是领导定性为作风稀拉后，破罐子破摔，慢慢才变成稀拉兵的。年轻人谁都有自尊，他们也想进步，也想摘掉稀拉兵的帽子。我跟他们一起玩，他们觉得自己并没有被领导放弃，感情上自然就跟我亲近了，工作、生活的态度也就积极了。

有人说，在部队当领导，管理工作最难做，我觉得只要充分利用沟通手段，和战士打成一片，管理工作并不难。

当然带兵人的表率作用也不容忽视。正直的形象、团队的意识、细心的观察、真诚的关心、开阔的胸襟、丰富的知识，都是一个优秀基层带兵人所应具备的。

我军是毛泽东等老一辈革命家亲自缔造的有80多年辉煌历史的人民军队，官兵平等是我们的光荣传统。所以我并不羡慕外军舰长们的特权，也不赞赏他们高高在上的作风。

我是中国海军舰长，我乐意扮演这样的角色——工作中的首长、生活中的兄长。

摆脱危机，只能靠自己

领导这种镇定自如的大将风度，连我这个曾经在天上飞过，经历过许多生死一线险情的飞行员都自叹不如，简直令人佩服极了！

一次试航归来，海上大雾茫茫，只能靠导航雷达摸索着前进。

从进港航道口到舰艇泊位，还有相当长的一段航程。进港后，雾更重了，连舰艏都看不见。导航雷达屏幕显示，港里密密麻麻，停满了船。

原来，今天雾大，港外的船都跑到港里来抛锚了。这样，我们只好在夹缝中寻路航行，不是用眼睛找，而是用雷达找。

军舰停了车，慢慢向前滑行，我紧张极了，心想雾这么大，港内船只又这么密，光用雷达导航，行不行？

当时支队长坐在舰上的大椅子上，用平静的语气对我说："你注意看导航雷达，慢慢往前摸，没问题的！"我一看支队长如此镇静，就一点不紧张了。

导航雷达兵不断地上报情况："左舷10度，距离2链，有一艘货轮。”“右舷20度，距离3链，有一条大船……”

我根据导航雷达所发现的目标下达口令，指挥舰艇慢慢向前滑，在大小船只中间左拐右拐，那可真叫惊心动魄啊！雾确实是太大了，军舰到了码头附近，已经看到了码头轮廓，但凭肉眼根本认不出来这是几号码头。军舰靠上码头后，我的脊梁上都是汗水，但是看人家支队长，只见他站起来扩了扩胸，伸了伸胳膊，一声没吭，打开舱门，没事般的出去了。

领导这种镇定自如的大将风度，连我这个曾经在天上飞过，经历过许多生死险情的飞行员都自叹不如，简直令人佩服极了！支队长在危险面前沉着冷静的表现，是我学习的表率。我深深地体会到，作为领导，在危难关头，不能指望有谁来救你。一艘军舰几百号

在驾驶室瞭望

1998年，被评为“优秀舰长”归来

人，但谁也代替不了舰长。摆脱危机，只能靠自己！

据世界海事组织发布的信息，在触礁、撞船等海难事故中，由于缺少必备的心理素质，有45%的舰长不知所措，贻误时机。46%的舰船长处置不当，加重了海难后果。空难资料也表明，80%以上的空难，缘于飞行员心理问题。所以，诸如心理稳定性等非智力因素，对于一名舰艇指挥员是非常重要的。

舰长，是军舰之魂。平时训练、航行，全舰几百名官兵的荣辱生死系于舰长一身；执行重大任务，祖国声誉和国家海洋权益系于舰长一身。古人云：“天将降大任于是人也，必先苦其心志，劳其筋骨。”上级任命我为一艘现代化军舰舰长，不就是“天降大任”吗？因此我就必须承受“苦其心志，劳其筋骨”的生命洗礼。人生路走到今天，我历经了千辛万苦，却不敢有丝毫懈怠，否则将扛不起这份沉甸甸的责任。

“余地”是一种难得的人生境界

大队长语气马上变粗了：“什么没有明显问题，我看问题大得很！”

在“飞行员舰长班”学习时，教员就反复给我们讲过飞行员和舰长的区别。但切身的感悟，却是542舰试航，我作为舰长，第一次指挥军舰靠码头时才获得的。

那天码头条件并不太好，已经有几艘舰并排依靠在542舰的泊位后面，542舰要经过它们才能就位，而且当时正处于潮汛期，海流流压大，也不利于舰艇停靠。我任另一艘舰的副舰长时指挥过离靠码头的训练，这个码头的各种情况我也熟悉。所以，尽管情况复杂，我还是满怀信心的。

我指挥军舰单车前进，到了离码头一链的距离时，在舰上保驾的大队长提醒我：“注意速度！”意思就是说我速度有些快了，该停车了。我点点头，没有立刻停下来，而是又走了一段才下达倒车口令。

我在潜意识里将军舰和飞行做了比较，飞机上几秒内要完成一连串判断，假若在飞机即将落地的一瞬，突然发现异常情况，你必须即刻正确判断，果断决策，一丝迟疑就可能机毁人亡。而军舰靠码头比起飞机着陆，判断起来就要从容多了。所以今天靠码头，我感到游刃有余，没必要那么小心。

军舰停车后以快于正常的速度向前滑行，很利索地经过那几条挡路的舰。离泊位不远，我下达口令："两退一！"前后两根缆绳一带，舰艇很轻巧地靠上了码头。一切都在我意料之中，非常顺利！岸上的水兵鼓掌喝彩："这个舰长水平高！靠得多轻多好啊！"我也美滋滋的，带着几分得意下了驾驶台。

大队长迎上来问我："你觉得这个码头靠的有没有问题呀？"我想了想，很自信地说："大概没有什么明显问题。"大队长语气马上变粗了："什么没有明显问题，我看问题大得很！"我一愣："怎么回事？"

大队长说："两车退一，'叭'地靠上去，虽说没挤没擦，但你也没有留余地！不要以为岸上的人竖大拇指就算靠得不错。作为一个成熟的舰长，干什么都要留有余地，都要把问题考虑得复杂一些！你要想到舰上这么多人，这么多装备系统，万一哪一个人哪一个环节出了毛病怎么办？没有余地，就有危险！比如你的车要不来呢？这么大的速度，万一停不下车呢？舰艇不是飞机，飞机是你一个人操作，你说上东就上东，你说向西就向西。舰艇要靠好多人操作，你下达的口令传到机舱，还有一个传送和水兵反应的过程呢，万一哪一个人给你耽误了，你不是眼看着舰艇撞码头吗？就算舰上的人反应都没问题，你敢保证机器设备没有毛病？！你敢肯定你一个口令舰艇就能按你的口令来？！不留余地，这对于舰艇指挥员是不允许

的！”大队长声色俱厉又语重心长，批评得我心服口服。

从那以后，军舰靠码头，我再也不会冒险了，我总是留有充分的余地。

“不留余地是舰长之大忌！”不留余地，不就是“满”吗？大队长讲的岂止是靠码头，而是教给我做一个合格舰长的思维方法。我不是飞行员了，不再是一个只凭个人技术和勇气的单个作战单位，我的举动不再是个人的行为，我的每一个念头都关系着整个军舰的安危。我领导的是一个群体协作性操作，我的思维方式必须是全员、全功能、全系统的。在高技术含量越来越大，系统的综合性能越来越高，作战日趋复杂化、一体化的现代战争中，指挥员必须具备牢固的系统意识。大队长一语双关的提醒，使我深思良久。

如今，虽然大队长已经转业了，但是他对我的那次批评，却让我终生难忘，让我毕生受益。

“余地”是一种难得的人生境界。睿智的人，做人留有余地；成熟的人，做事留有余地。舰长指挥军舰作战训练要留有余地；作为一名普通百姓，做人做事也应该留有余地。

试航，我们自己操作！

指挥一艘现代化军舰可探寻的未知世界非常丰富。这种探索，时时刻刻调动我身体里那些“不安分”的因子，促使我大胆尝试……

我是个“不安分”的人，不愿墨守成规，被所谓的经验捆住思维的翅膀。很多时候，我像个初入学庐的少年，看着什么都新鲜，都想去摸一摸，鼓捣一番。我喜欢打破常规，运用知识探索未知的世界，开发自身潜能，从中获取人生乐趣。

接542舰出厂是我不安分生命方式的一个典型事例。

1993年10月，上级经过深入考察研究，决定把即将建成的国产最先进的导弹护卫舰——542舰交给我指挥。一纸任命把一副重担压在了我的肩上，我也铆足了劲儿要让542舰顺利起航。

要让新战舰顺利起航，舰员的素质至关重要。我定下的目标是，在新舰离厂正式加入战斗序列时，每个舰员都要掌握手中的高技术装备，成为本战位的合格职手。争取舰一出厂，就有相当一批舰员成为技术能手。有人说我定的目标过高，但我坚持己见，并得到了舰党支部的支持。

根据舰党支部统一部署，在军代表的帮助下，全舰人员都与调试本系统设备的工厂、科研院所工程技术人员签订了《三包师徒协议》，即对口学习新装备协议。签订这个协议的目的是让舰员人人拜师学艺，与专家结成师徒对子，包教、包学、包会。

在理论培训阶段，我们就让战士们与工厂老师傅结成对子，由老师傅负责传授技术，考核舰员掌握的情况。

舰员理论培训结束，到了实际操作阶段，我又提出一条超常规建议：新舰试航和各种武器装备海上试验，全部由542舰舰员上岗操作，工厂的技术人员只在一旁指导。

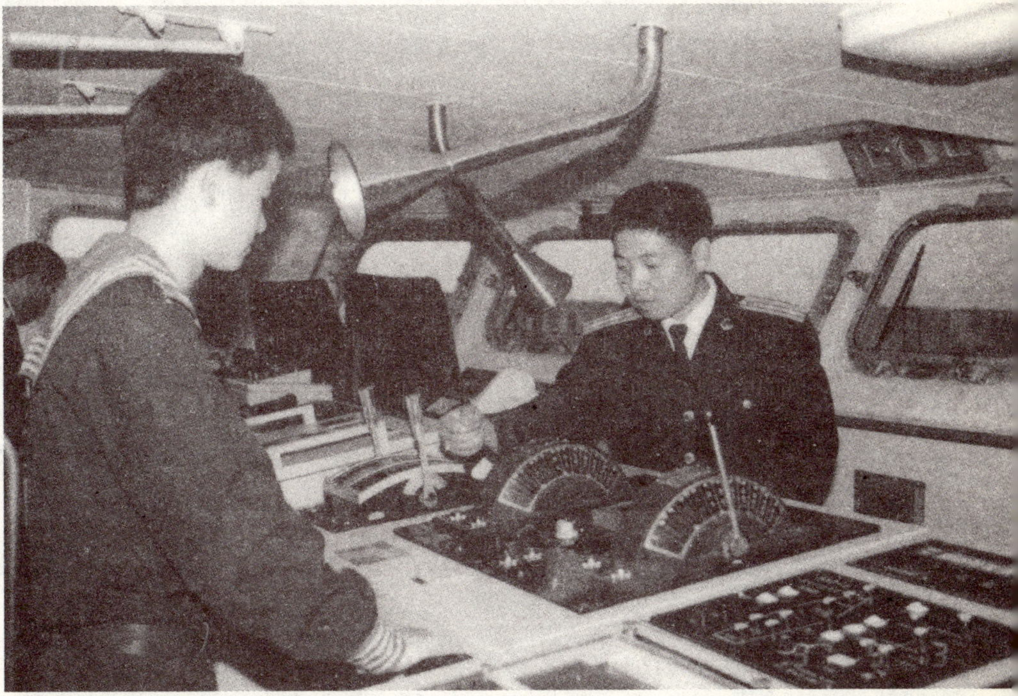

和舰员一起研究设备

以往新舰试航有规定：厂所师傅操船，舰员一边站着看。我当副舰长接另一艘舰时跟过试航，那时我就发现舰员一边站着看存在很大弊端：不能自己动手，第一个小时大家规规矩矩站着看，第二个小时人就少了一半，第三个小时人全跑光了，这怎么能学到东西？我决心一改这条老路子，于是向支队领导提出：试航，我们自己操作！

老师傅一开始不干，担心我们的舰员把装备搞坏了，影响交货质量，给工厂丢脸。

的确，一艘新战舰，价值几个亿！涉及全国上百个厂家，哪家工厂都不愿意看到舰还没出厂，装备就出问题的局面，都想交舰、验收一次过关。

各方的质疑传了过来：如此复杂的装备，如此高深的技术，舰员这么快就掌握了吗？机舱里千百个阀门，战士们知道怎么拨拉吗？武器系统技术含量更高，操作不当还有危险。试航不完成，这条舰就不能交付。这么大的事，能随便试试吗？但我坚持：不试试怎么就知道不行？

从部队建设考虑，试航是对全体舰员最直接最全面的学习和锻炼。我不愿放弃这个宝贵的机会，就反复做厂方的工作。我说：“舰员都是你们培训的，考核也是你们考的，培训合格证也是你们发的，让我们的舰员来操作有什么关系呢？我们信任你们，相信你们培养的舰员都是高素质的舰员。我的目的是让舰员多练练，多练一次，就能多提高一分，请你们理解。试航让我们靠边站，对国家财产也不是一种负责任的态度。干扰火箭弹发射、反潜武器发射，过去都是老师傅操作，我们的舰员在一边看着，什么也插不上手，消耗那么多弹药，我们的技术得不到提高，是多么大的浪费啊！将来

打仗是我们去打，就让我们早一点上手吧！”这家厂被我说动心了。

就这样，我韧劲十足地找工厂，找军代表室，苦口婆心做工作，一家一家耐心解释，一家一家被我说服。终于，我的想法被各方认同，被上级批准了。整个试航期间的舰艇及其武器装备的操作使用，都是由我们的舰员来操作，甚至连装备验收阶段的操作使用，也是由我们的舰员独立操作完成的。

有胆量独立操作新型战舰试航验收，自己就得争气。542舰的舰员没有让我失望。老师傅们看了，也很高兴。除首航部分机械设备由技术人员操纵外，其余14次出海试航、5次武器装备实弹发射，包括舰炮射击、干扰火箭弹发射、实弹攻潜等复杂课目，所有操作全部清一色地由接舰舰员出色完成。

这样做，不仅减轻了试航期间专家技术人员的劳动强度，也锻炼了舰员，还有助于新型舰艇列装后快速形成战斗力。同时，也有助于我们及时发现舰艇设计建造中的不足，有利于我们向厂方提出改进建议，从而形成一个良性循环。

我们对老师傅也很尊敬，在他们干活的时候，我们的战士给他们端茶送水；学习过程中主动找老师傅结对子，有不懂的就向他们虚心求教，老师傅很感动，说：“老红军、老八路的光荣传统又回来了！”

有的老师傅开始也不愿意教我们的战士，好像我们的战士都学会了，他就不吃香了。还有的厂家搞技术保密，怕我们把技术透露给别的厂家。后来我们凭真诚的态度把他们的顾虑都打消了，全体舰员和工厂、军代表室相处得就像一家人一样。

在我和其他舰领导的督促带动下，当初绝大多数都是一张白纸的舰员全都获得了上岗合格证书。新舰从厂里接回来，我们已攒

足了航行的力量。后来，542舰的接舰经验还得到了海军装备部的推广。

当时提出新舰由我们本舰舰员自己来操作，确实是顶着很大压力的。换了别人，也许先要掂量掂量其中的利害，这可不是一般的“试试”，拿价值那么多个亿的现代化战舰试试？这意味着什么？风险、责任、前程！如果有什么闪失前半生的努力也许就白费了。

是以个人前程为重，还是以一个舰长的使命和军舰的战斗力为重？我心中的天平一直是向后者倾斜的。只要能让军舰拥有更强大的战斗力，我个人的得失不算什么，作为一舰之长，应该承担这样的责任。况且，二者是辩证的，并不是非此即彼的关系。如果我这个新任命的舰长能“试”出一条有利于战斗力建设的新路子，对我的成长进步肯定是有帮助的。

我一直都喜欢另辟蹊径，并乐在其中。我不能想象墨守成规怎么能把事情做好。当然，我不是凭一时头脑发热，鲁莽行事。我有自己的法则：要尝试的事情必须是理论上可行的，试前一定要经过谨慎周密的思考和准备。

指挥一艘现代化军舰可探寻的未知世界非常丰富。这种探索，时时刻刻调动我身体里那些“不安分”的因子，促使我大胆尝试，使自身的潜能在现代化军舰这个平台上得到最大限度的发挥。

这就是所谓的开拓意识和进取精神吧？

生死考验

一个大浪横向打来，军舰猛地一偏，我的汗毛都被惊得竖起来——倾斜得太厉害了！横摇几乎达到了设计的极限，军舰面临倾覆的危险！

在我的军旅生涯中，没有经历过战争状态，我没有在真实的战争炮火威胁下执行过护航任务，但无论是开飞机还是驾军舰，我都不止一次经历过真实的生死考验。

1996年9月，为维护我国领土主权，542舰奉命随舰艇编队奔赴某海区执行“海空舰机协同演练”任务。

当时正值台风到来之时。出发之前我们做了最充分的准备：预测了海况，认真检查了舰上的减摇鳍和水密装置，将各种通风筒全部关闭，把全舰所有能移动的重物都移到了底舱，就连每人生活用的一桶水也都移了下去。出海后，我要求机电部门时刻注意舰艇稳性，严格控制用水，除了饮用，谁也不准洗脸洗脚。因为水压舱底，能够增强舰艇的稳定性。

军舰起航，刚开始顺风顺浪，虽然也晃，但晃得不厉害。到了远

海，舰艇晃得就厉害了。天慢慢黑下来，风浪越来越大，只见海面上巨浪滔天，狂风怒号，数千吨的战舰像一片小小的树叶，在波峰浪谷间剧烈地颠簸——20号台风与编队不期而遇！随舰保障的气象预报员报告，此时风力高达10级，浪高足有5米多！

542舰顶风顶浪，航行得非常吃力。一个个大浪扑来，舰艇就像撞到什么坚硬物体上似的，发出一阵阵令人心悸的抖动。这样的险况我还是第一次遇到。

突然，一排巨浪打来，舰艇跌入深深的波谷，四面都是厚厚的水墙，看不见海面；忽而又被抬上浪峰，舰艉高高跷起，螺旋桨露出水面，桨叶打得空气呜呜直响。这种情况叫做"飞车"。"飞车"非常危险，时间一长，舰艇的轮机受不了，很容易被损坏。轮机损坏，舰艇就瘫了。

必须尽快脱离险境！此时舰艇也必须转向，因为前方已是非我方控制的岛屿。我决定转向航行。不料，军舰刚刚转向，就受到横浪冲击。一个大浪横向打来，军舰猛地一偏，我的汗毛都被惊得竖起来——倾斜得太厉害了！横摇几乎达到了设计的极限，军舰面临倾覆的危险！只有继续转向，避开横浪的冲击才能摆脱危险。

此刻，驾驶舱突然变得鸦雀无声，在场的人都把心提到了嗓子眼儿。

我下达指挥口令："左舵五!" 因为风浪压力太大，战舰没有转向。我再次下达口令："左舵八！"可舰艇还是不向左转。

我心急如焚，舰艇必须转过去！转不过去就意味着把全舰上百名官兵的生命和价值巨大的国家财产交给大海，我没有这个权力。

但是转，就要冒险。我迅速分析了风向海浪情况，断定风朝左吹，舰向左转，倾斜度必然会小下来。我告诉自己沉住气，然后果断

地对操舵班长下达口令:“左舵十!”

此时,平日里特别自信的操舵班长迟疑了,不敢压,说:“舰长,风浪太大,不能再加大舵角了,军舰会翻掉的!”我平静地告诉他,也是把这种情绪传递给在场所有的人:“没关系,要相信舰艇的抗风能力,相信我们的操纵水平!”

我走到舵轮前,亲自把舵角增大了2度。根据大风浪航行的理论知识和实践经验,我沉着观察海面情况,指挥操舵班长抓住两个涌浪之间海面出现短暂平稳的有利时机,继续增大舵角,军舰终于在大浪的猛烈冲击下开始艰难地转向。

战胜了大风大浪,我们按时间节点到达训练海域。

编队进行舰机协同演练的那一天正是国庆节,我们在海上迎来了祖国的生日,542舰举行了庄严的升旗仪式。面对鲜艳的五星红旗,我率领全舰官兵庄严宣誓:“保卫祖国,勇敢战斗,胜利属于我们!”

那一刻,我的心情无比激动。对于天空,对于大海,对于祖国的一切情感仿佛都汇聚在了一起。

这次航行我带领全舰官兵,与狂风巨浪持续搏斗了50多个小时。几天几夜,没有人洗脸,没有人刷牙,没有人吃过一顿完整的饭,甚至有人一口饭也没吃进去。

风浪太大,很多人晕船,号称从不晕船的安徽的操舵班长、山东的信号班长,也晕得有气无力。军舰里到处是呕吐物,有人吐了黄水再吐血。舰员们大多没经历过这阵势,说心里不害怕,那是假的。有人实在忍耐不住要求去躺会儿,我斩钉截铁地说:“谁也不准离开战位,死也要死在这儿!”

其实我也晕船,第一次上舰出海参加演习的时候,风浪并不算很大,我却晕得头冒虚汗,脸色灰白,脚下打滑栽倒在铁架子上,腿上划了个大口子,至今还留着疤。闯海多年以后,我仍然会晕船,但却是分时间地点场合的:在别人的舰上晕,在自己的舰上不晕;风浪小时可能晕,风浪大时一定不晕;任务小时可能晕,重大任务绝对不晕。这大概就是一位舰艇指挥员的责任使然吧?像今天这样的情况,我肯定是不会晕的。事实果然如此。三个昼夜,我都在驾驶室,睡觉不过是靠在床上打个盹。最危急的关头,我整整8个小时没下指挥台。

返航时风平浪静,大家跑到飞行甲板上叫啊跳啊。压舱底的生活用水统统被搬了上来,小伙子们把自己和战舰一起冲了个痛快,心情说不出来的欢畅。

回到军港,随同我们出海的一位舰队副司令来到542舰。他说,风雨同舟,终生难忘,一定要和舰员们会个餐,庆祝一下。那天,他高兴地开了一瓶茅台。我们内心洋溢着同艰险搏斗之后的自豪感,喝着茅台美酒,那滋味别提有多好了!

细节决定成败

北洋水师的兵勇居然把洗过的裤子晾在炮管上。由此可见，陈规陋习是军人思想观念和行为举止落后于时代的影子，它比武器装备的落后更危险、更可怕……

不管是在航空兵，还是在舰艇部队，我经历过的每一次险情，都是一次生与死的考验，都是对人的心理素质最严峻的锤炼。能够临危不乱、处变不惊，首先必须具备高超的技能。有了高超的技能面对危机才有底气。所谓“技高人胆大”嘛！其次是要有一个清醒的头脑、一副置个人安危于度外的胸怀。再有就是要注重细节。天大的事都得从小处着手，细心处理才能解决。

记得一次我率舰实施主炮对海上目标实弹射击的训练。实弹射击准备工作千头万绪，我一个一个舱室跑，一个一个战位查，不敢漏过任何一个小小细节。

出航前的一天晚上，我问指挥仪班长小赵装备是否正常，刚刚做完最后一遍检查的小赵胸有成竹地告诉我：“一切正常，多次检

在舰上研究分析数据

查显示数据都是一样的。”

口说无凭，我让小赵把计算数据拿来给我看。我查着查着，发现有一组数据不对，相差4个密位。小赵看了一下表，已是21点30分，就随意说道：“没关系，所有通道的数据都是一致的，这点小差错不会影响明天射击。”

我盯住他问：“你敢保证不影响吗？”

在我严厉的目光注视下，小赵心虚了，嗫嚅道：“我也没有把握。”

我狠狠地批评小赵：“既然没有把握，就得把问题查出来，科学来不得半点的马虎！”小赵被我批得低下了头。看他惭愧的样子，我口气缓和下来，“大不了今晚不睡了，我等你检查的结果。查出来的差错再小我们也要把它纠正，不要让它成为潜在的威胁。”

于是，枪炮部门的军官与战位的同志挑灯夜战，一项一项地检

查，一个数据一个数据地核实。一个多小时后，我们终于把问题查出来了，并且找到了症结所在，及时排除了故障。

后来，我们又把所有数据核实了一遍，直到确信完全正确，我才放心地回到舰长舱室。这时，已是凌晨两点。

那次实弹射击任务完成得很好，我感谢全舰官兵的努力，也感谢和小赵在一起的那个不眠之夜。

再说1996年9月的那次历险。出航前，我想这是台风多发季节，准备工作一定要做细，方方面面的问题都要考虑到。原来说在海上最少也要待几个星期，所以舰员们用水桶装着淡水，放在舰艇上层里的舱室里。这些淡水，起码有2500公斤。在大风浪状态下，舰艇摇摆得非常厉害，如果军舰因为这2500公斤水重心升高，就有倾覆的危险，至少会造成舰艇稳性的降低，大风浪中，哪怕是稳性增加一点，也就多了一分战胜风浪的把握。所以，在离开码头之前，我通过扩大器广播，命令水兵把上层舱室储存淡水的水桶全部拎到底舱去。

从顶层到底舱，高度相差十几米，水兵们来回上下跑了许多趟，累得筋疲力尽。有的水兵认为我多此一举，拎水桶时满腹怨气。险情过后，大家才知道此举是多么重要！由于军舰航行需要消耗燃料，燃料少了，舰艇重心就会升高，就不稳。这2500公斤重的淡水压在底舱，无形中可以抵消部分舰艇耗油重量，大大地增加了舰艇的稳定性。

淡水压舱底这个工作细节在我们战胜台风过程中起到了关键作用。

不仅我重视细节，我还一直教育全体舰员要注重细节。围绕着新型战舰设的课程表上，我给水兵安排的第一课目是文明素质的训练。我对水兵们说："大家都会唱咱们海军军歌《人民海军向前进》，歌里有一句‘爱护军舰就像爱护自己的眼睛一样’，新战舰舱门壁板锃亮，还铺有柔软的地毯，你们要像爱护眼睛一样爱护它。”

我制定的文明措施包括：禁止随地吐痰、禁止在非吸烟场所吸烟、禁止穿金属跟底的鞋；全封闭的上层建筑，配有中心空调的舱室，水兵的衣服必须勤洗勤换，不能随地乱扔臭鞋烂袜污染空气；设计别致的厕所，要求水兵上厕所不能“随便”，连手纸都必须使用易融于水的专用卫生纸。

有人说我标准太高，是在跟外国海军攀比。中国海军达不到这样的文明程度，也没必要达到这样的文明程度。我便用清末北洋水师的教训给大家上课：“当年，北洋水师拥有世界上数一数二的铁甲巨舰‘定远’和‘威远’。这两艘装备精良的军舰，甲午战争前曾到日本访问，其雄姿威力令日本朝野震惊。然而，精明的日本有识之士却断定，中国海军的战斗力不强。因为他们发现，北洋水师的兵勇居然把洗过的裤子晾在炮管上。由此可见，陈规陋习是军人思想观念和行为举止落后于时代的影子，它比武器装备的落后更危险、更可怕。”

经过反复动员教育，我的理念渗透进了官兵的大脑。在542舰上，官兵练战法、练技术、练文明相互交融，舰员素质得到了全方位提升。

前些年流行一本书，名叫《细节决定成败》，书中讲道：“在中国，想做大事的人很多，但愿意把小事做细的人很少；我们不缺少雄韬伟略的战略家，缺少的是精益求精的执行者……”这本书很有警世性，我赞同书中观点：细节决定成败。

是啊！只有细心做好每一件小事，才能驾驭一艘大军舰。同样，只有细心走好每一小步，才能实现人生理想的大跨越。

用现代意识管理军舰

舰艇现代化管理经验告诉我，事业的发展必须与时代同步。

新型战舰集电子化、智能化、自动化为一体，武器装备先进，还有配套齐全的高档生活娱乐设施。我感到必须实行现代化、科学化、人性化管理，才能发挥其最大效能。

为了让现代化的管理理念在官兵头脑中扎下根，我虚心向有关专家请教，努力学习外军先进的管理方式，组织舰员到兄弟舰学习观摩，组织管理骨干到海尔集团、金鹰集团等现代化企业取经。经过深入的学习、调研、实践，我向上级提出向管理要战斗力的建议。2002年，部队党委根据我的建议，正式出台舰艇现代化管理方案。

按照有关规定，军舰上某些重要舱室必须每隔两小时巡查一次。但过去由于没有有效的监督手段，值更人员巡查与否，无从知晓。我们借鉴外军做法，规定值更人员上岗时首先领取若干个标注

节日的军港

巡查时间的牌子，在他们巡查到每一个重要舱室和部位时，必须在特定位置放上一块牌子。这样事后只要检查这些牌子的放置情况，值更人员巡查与否便能一目了然。这项举措简单有效，保证了夜间巡查制度的落实。

为了加强进出军港人员的管理，确保军舰安全，我们又借鉴地方企业的现代管理手段，建立了码头智能管理系统，也就是在码头引桥上设置一处由电脑控制的智能关卡，每艘军舰的舰员进出码头时，必须手持自己的特定“身份卡”刷卡才能通过。一旦磁卡与本人身份不符或伪造、涂改，报警系统就会自动报警。舰上的监控设备，可以清楚地显示出进出人员的姓名、职务和登舰证编号，人员在舰上的一举一动都受监控设备全程监控。

过去舰上搞卫生都是用扫帚和拖把。这种清洁方式会影响舰艇外表的光泽度。我与各舰领导协商后决定，不再使用扫帚和拖把，一律改用抹布清洁。这小小的一改却大大地延长了油漆的使用寿命和军舰外表的光洁度。

过去舰上卧具都是由个人管理。我与各舰领导达成共识，改变这一传统做法，为每名舰员统一配发卧具，并在舰上成立兼职洗衣班，定期对卧具进行清洗、熨烫和消毒。这样既保证了舰上内务的整齐划一，又维护了舱室的清洁卫生。

如今，我们这支新型驱逐舰部队的所有舰艇基本形成了舰员就餐自助化、卧具保障宾馆化、衣服洗涤统一化、生活用水全时化、舰员洗漱无盆化、清洁扫除科学化、垃圾处理环保化、舰员登舰刷卡化、日常管理条令化的现代管理模式，被海军评为“管理先进单位”。

舰艇现代化管理经验告诉我，事业的发展必须与时代同步。我们的军队建设走过漫长、曲折甚至崎岖的道路，改革开放才解放了思想，步入一个高速发展的时期。我相信，在新世纪曙光的照耀下，紧扣时代发展的脉搏，必将迎来更加灿烂的明天。

接受军委主席检阅

海军是一个高技术军种，你们要很好地学习和掌握现代技术，成为思想、技术都过硬的海上精兵！

走进我所在的东海舰队某驱逐舰支队，首先映入眼帘的是一条振奋人心的标语：首战用我、硬战用我、突发之战用我、用我必胜！走进这支光荣部队的第一天起，我就用这“18个字”来激励自己。几年来，严格的海上训练提高了我们的技战术水平，大风大浪的考验锤炼了我们的意志品质。我带领全舰官兵一步一个脚印地朝着这个光荣的目标迈进。

现代海战，谁能最巧妙地运用导弹技术，谁手里就有最锋利的剑；谁能最严密地组织电子干扰系统，谁就能得到最坚固的盾。驾驭现代化的战舰，既要有‘首战用我’的气魄，更需有‘用我必胜’的本领。

我们542舰是否具备这样的本领，检验的时刻到了。

1995年10月14日，黄海上空万里无云，蔚蓝色的辽阔海面上，

一艘艘威武雄壮的战舰和一队队英姿勃发的水兵整齐列阵，接受中共中央总书记、国家主席、中央军委主席江泽民检阅。在受阅的人民海军现代化核潜舰、新型潜舰、新型导弹驱逐舰、新型导弹护卫舰、新型轰炸机、新型歼击机等多舰种、多机种庞大作战集群中，就有我率领的542导弹护卫舰。更令我毕生难忘的是，江主席健步登上了542舰。

我在洒满阳光的甲板上陪同江主席检阅水兵仪仗队。在导弹发射架下，在全自动火炮前，在舰载直升机平台上，我向江主席一一介绍这些现代化装备系统研制情况和战斗性能。当精通电子科技的江主席问起舰上电子设备时，我流利作答。江主席不时满意地点点头。他对我亲切地说："海军是一个高技术军种，你们要很好地学习和掌握现代技术，成为思想、技术都过硬的海上精兵！"

江主席的谆谆嘱托，激起我心中澎湃的波澜。滔滔黄海，曾是一片令中国军人屈辱的海域：一个世纪前，北洋水师在这里全军覆灭，留下一段悲怆的生命绝唱。碧波黄海，更是一片令中国军人自豪的海疆。是她，孕育了新中国第一支现代化的舰艇部队，毛泽东、周恩来、邓小平等老一辈无产阶级革命家都曾在这里视察过海军。这片海域，寄托了党和国家领导人多少企盼啊！

接下来是一次难度大、风险高的海空对抗实弹演习。上级给我和542舰出了道十足的难题：第一个出阵，导弹攻击"敌"方空中目标莱斯顿靶。

在我们这次演习之前，日本和美国搞过一次海空联合军事演习，日本的水面舰艇没有打到飞机后面的拖靶，却把前面拖着靶标的美国飞机打下来了。台湾也发生过类似的演习事故。这说明，用导弹打飞机拖靶是有一定风险的，搞不好就会打到拖靶飞机。保证安全，有两大难关，一是选择目标，火控雷达要把目标抓准，然后进行准确的解算；二是掌握好发射时机，恰到好处地把导弹射出。这两个关口中任何一个出问题，都有可能导致惨烈后果。

在打弹之前，我的心理压力还是很大的。再说，正式打靶之前，训练得也比较少。以往的演习，事先都要进行多次针对性训练。大的演习，还要进行预演。这次却只搞过一次舰机合练。另外，还有一个难度：将发射的某型导弹，是装配新型战舰后的首次实弹攻击，而且是两枚导弹双发齐射，这在人民海军的历史上是前所未有的。能否保证两发都打中拖靶，我心里没有底数。不过，我还是相信自己和战友们的实力。

导弹发射瞬间

演习拉开序幕，我在指挥控制中心，眼睛紧紧地盯着雷达屏幕。飞机从远处飞来，从荧光屏上看是两个蠕动的亮点，进入警戒雷达的视线，拖靶的飞机与莱斯顿靶，两个紧紧相邻的光点在屏幕上出现，飞速逼向我的战舰。此刻，我早已令雷达操作手牢牢锁定目标，并将方位、距离、速度等数据相继传输到指挥中心。两枚导弹准备完毕，指挥室里，鸦雀无声。

说时迟，那时快！就在“敌”方空中目标飞抵战舰上空的一刹那，导弹系统稳定地跟踪目标，我果断地下达命令：“发射！”

口令一下达，我的心情骤然放松了。监视器上，只见导弹发射架上腾起一团烟火，导弹飞向天空。三秒钟后，第二枚导弹呼啸腾空。这时，就听见上面的水兵欢呼起来：“打中了！打中了！”

情报中心的雷达屏幕上，只见荧屏回波猛地一扩大，又猛地缩小，显示命中！

紧接着，第二枚导弹又把天空中坠落的靶机残骸打了一个凌空开花。指挥室里一片欢腾，大家都跳起来了。只有两个人没有跳，一个是我，一个是支队长。因为，一分钟以后就要进行下一个项目的武器使用，指挥员的头脑必须要保持冷静。我下达命令：“准备发射干扰弹！”指挥室里顿时安静下来。“5、4、3、2、1，发射！”100发干扰弹发射出去，我舰上方出现一片箔条云。

后来，我听记者说，在指挥舰上，江主席看到两枚导弹都准确击中目标。高兴地说：“打得好！打得好！”

江主席海上观看演习的庄严一幕，化作了一种动力、一种鼓舞，深深地印在我的脑海里。江主席在542舰上的教导，成了我的人生座右铭。

在库兹涅佐夫海军指挥学院

不需要我再说任何话了，我相信你们每一个人在心目中都会给予他最高的评价。

进入新世纪以后，上级选派我赴俄罗斯留学。接到通知，我的心情十分激动。虽然学制只有短短半年，但这半年对于一名海军军官来说却是那么的宝贵。

海军是国际性军种，远海大洋是海军的舞台，胸怀世界是海军的精神。作为一名海军军官，视野必须是开阔的，不仅仅要了解本国的武器装备等各方面情况，同时还要全方位地学习了解国外先进的武器装备、先进的作战思想和部队的编制体制等等。

俄罗斯是传统意义上的海军强国，我将就读的库兹涅佐夫海军指挥学院有着百年校史，是俄罗斯海军最高军事学府，被称为俄罗斯海军军官的“摇篮”，能有机会到如此著名的军事学府接受训练，真是太难得了！我对即将开始的出国学习充满期待。

库兹涅佐夫海军指挥学院位于有着300多年悠久历史的欧洲

名城圣彼得堡。出国前，我查阅了相关资料，被俄罗斯的异域风情深深吸引，对即将到来的国外生活满怀憧憬。

8月底，我和同期学员正式出国，开始库兹涅佐夫海军指挥学院海军战役高级研修班的学习。

到了俄罗斯我们才发现，这里的学习生活跟我在国内的想象相去甚远。首先是气候上的不适应。应该说俄罗斯的秋天还是美好的，错落有致的欧式建筑群，色彩斑斓的树叶，高远的蓝天，明媚的阳光，纯净的空气，无不给人一种心旷神怡的感觉。但这美妙的季节却异常短暂，金色的秋天很快就被白色的冬日取代了。

冬日里的俄罗斯

我也曾在北方生活学习过，但从来没有到过纬度这么高的地方，遭遇过如此寒冷的天气。圣彼得堡流水潺潺的涅瓦河完全封冻,到处是白茫茫的一片,我感觉就像到了一个冰雪世界。

俄罗斯的冬季不仅寒冷,还很漫长。从11月到次年4月,大地都覆盖着一层白色的地毯,苍茫寂寥。由于靠近北极圈,太阳很少露脸,偶尔露一下,也是贴着天地线匆匆掠过,要站在高楼上才能看得到。在寒冷而漫长的冬季里,俄罗斯人的情绪会受到天气影响,时常低落。我们当时也不例外,总感觉心情压抑。

为排解这样的不良情绪,我的办法是加强锻炼。跑步是我主要的锻炼方式。跑着跑着,我常常会出现幻觉,似乎又回到了驾驶舱内,从飞机上鸟瞰大地,看到银白的世界中,一个蠕动的黑点,那便是奔跑在冰天雪地间的现实中的我。每次,我都要跑出一身汗,回来冲洗一下,顿时感到神清气爽,情绪也就好起来了。

其次是饮食上的不适应。俄罗斯冬季食品非常匮乏,很难吃到绿叶蔬菜,天天萝卜、土豆、大白菜当家,让人无比怀念国内品种繁多的新鲜蔬菜。要是拿一盘碧绿鲜嫩的小青菜和一盅最高档的鱼翅海参让我选,我肯定毫不犹豫地选择前者。

再就是生活习惯上的不适应。毕竟到了一个完全生疏的地域,在俄罗斯成了一个外国人。一个外国人想融入他国的生活环境是非常难的,何况还有语言上的障碍,虽然带了翻译,还是不如在国内自在。为了克服饮食和生活习惯的不同,我们基本上是自己照顾自己,连做饭做菜都是自己动手。

总的来说，俄罗斯的留学生活对我们这些中国学生来说是非常艰苦的。

生活上艰苦,学习上更为艰苦。圣彼得堡的白昼非常短暂,按

与库兹涅佐夫学院教授合影(右一)

国内时间来理解,9点钟天才亮,下午3点钟天就黑了。所以天不亮我们就得拎着书包到学校,天黑之后才能从学校返回驻地,也就是说整个白天我们都在学校学习。我们每天听课六小时,但由于语言障碍带来的不便,六个小时听下来很累很累,可是再累,晚上回到宿舍还得整理笔记,消化吸收,真的是非常辛苦。

尽管生活和学习都很苦,但我们的学习目的明确,学习态度端正。大家都是怀着满腔热忱来到这里,希望能够学有所成,将来报效国家和军队。所以我们的学习抓得非常紧,学得非常认真。我们没有休息时间, 俄罗斯教授们感到不可思议, 说你们整天都在学习,难道你们不想去看看我们俄罗斯有名的马戏和芭蕾舞,不想去各地风景名胜参观游览，不想到滑雪胜地放松一下心情吗？教授说的这些都是国内享受不到的，谁不想趁此机会体验一番呢？但我们的学习压力太大，确实没办法抽出时间，也舍不得抽出这时间来游玩。

在俄留学，我们不仅要从理论上学，还要进行几次大规模的模拟演习，从实践中学。在几次演习中我成功地完成了所担负的作战任务，学到了很多有用的东西。

记得一次大的演习是在封锁作战中潜艇编队打击敌方运输补给编队的战斗。我担任潜艇编队指挥员，指挥十多艘潜艇，包括核动力和常规动力潜艇。在另外一个编队没有完成任务指标的情况之下，我率领本编队人员根据海上情况准确分析判断，及时指挥调动潜艇编队，实现了我编队所有潜艇均占领有利的攻击阵位，对敌方运补编队实施有效攻击，达到了预期战斗目的。

这次演习完全依靠我指挥的这个编队群实现了预先定下的作战任务指标。此次演习最后讲评时，俄罗斯导演组一位将军级别的专家针对我完成任务的艰巨性、指挥全过程以及取得的战果和敌方的损失进行全方位评估，给了我高度肯定。

一位白发苍苍、参加过多次前苏联核试验、享受国家特殊津贴的老教授拉着我的手说："现在我们正在你们这批人中招收学员攻读副博士，要是你能留下来，我就当你的导师。"出于礼节性回应，我很愉快地答应了，但我告诉他此事我得汇报，组织上同意了我才能留下来。当然，我后来并没有留下来攻读副博士，而是服从上级命令回到国内，走上了新的工作岗位。

还有一次，也是最大的一次诸兵种合同作战演习，俄罗斯把这种演习称之为舰队战役。我在战役指挥所任侦察主任。俄罗斯海军

对侦察主任这个位置看得很重，要求很高，一般担任侦察主任的都是舰队副参谋长。

侦察主任的职责众多，第一是掌管舰队所有侦察兵力，包括空中、水面、水下、陆基以及特种侦察兵，负责所有侦察兵力的使用；第二要了解每天敌我各方面的信息和情报，还包括不明国家的信息和情报，做所有情报的收集工作；第三要了解我方各种兵力调整和部署以及下一步的作战意图；第四要对所有的情报信息进行分析。演习过程中，每天要向指挥所全体人员报告情况，并作出分析判断，提出我方兵力行动的决策建议。侦察主任不好当，大家都躲，没人愿意干，我在高研班是最年轻的，这个苦差事自然就落到了我头上。

为了干好侦察主任，我每天工作到凌晨两三点钟。演习结束讲评时，指挥学院侦察教研室主任说：“柏耀平所担负的侦察主任表现如何，我想各位教授、各位考官你们已经亲眼看到了，不需要我再说任何话了，我相信你们每一个人在心目中都会给予他最高的评价。”确实，这次演习我得到的评价是最高的，没有人比得上。

由于学习成绩突出，毕业时我获得了库兹涅佐夫海军指挥学院颁发的嘉奖。自入伍以来，无论是在军校还是在部队，我都获得过嘉奖，但国外军事院校的嘉奖，这还是头一个。

库兹涅佐夫海军指挥学院的学习生活在我军旅生涯中占据着特殊而重要的地位，在这里，我学到了知识，开阔了胸襟，扩大了视野，增强了为维护祖国领土完整战风斗浪的信心和勇气。

迎接新挑战

我们这一代军人，军旅人生与新军事变革相伴，就注定了我们永远都处在“零”的起跑线上，只有与新军事变革的浪潮和新型武器装备的更新换代同步，才能跟上时代的步伐。

世界新军事变革和军事科学技术的发展，加快了海军武器装备的更新换代。当一批批新装备陆续列装的时候，对于每一个指挥员无疑都是严峻的挑战。

2001年7月，我到新单位走马上任的第一天，就明显感到了前所未有的“压力”。尽管我已分别在驱逐舰和护卫舰上全训合格，而且执行过战备、巡逻、演习等重大任务，但此时我仍然意识到躺在全训合格的证书上吃老本，是行不通的。

按照支队党委分工，我主要负责国产新型战舰的试验试航，任务十分艰巨。新战舰列装，对我来说是全新的挑战。但既然上级把这么重的担子压在我肩上，我就必须迎难而上。

到任后，我首先着手部队的组建工作。两艘国产新型战舰同时

组建，共有舰员数百人。部队组建后，立即建立各种组织，确定舰支部工作目标，开展建章立制、狠抓部队思想作风建设等基础工作。

随后，开始舰员培训，分三步进行。第一步是院校学习，舰员分别赴大连、青岛、烟台、武汉、广州五所海军院校学理论，为以后掌握高新技术武器装备奠定基础。第二步是组织舰员到各个生产厂家和科研院所学习，直接了解信息化武器装备，掌握未来手中武器。舰员们很用心，他们虚心拜专家技术人员为师，当学徒，做小工，把能利用的时间都花在了科研院所和工厂生产线上。第三步是接舰过程中的工厂培训，舰员们在调试、验收、码头系泊试验以及海上试验试航和各项武器使用中实际操作现代化信息武器装备。这一步学习也是配合工厂完成在厂试验试航等各项工作，并向工厂、科研院所提出舰艇建造的合理化建议或修改意见的过程。

通过两年的学习，舰员们熟悉了新型战舰的性能，掌握了职掌的武器装备的操作使用和维修保养。其间，我还率领支队官兵制定了新型战舰的日常及作战部署40多项、新型武器装备的操作使用规程、日常管理规定以及战备训练的各项制度。

经过全体舰员的共同努力，两艘国产新型战舰顺利列装。列装后两个月，我就率领新型战舰北上，参加各武器系统的定型试验和海军组织的重大演习。在试验过程中，该型舰组织了多次对空射击试验，均直接命中目标；在电子战武器系统试验中，该舰的电子干扰系统干扰成功率达到了历史新水平；全舰的作战系统反应迅速准确，所有试验项目均一次通过定型检验。

在演习中，我们的新战舰表现出色，国产武器装备的性能在演习中得到了有效验证，我这两年多的工作也得到了上级肯定。在副部队长的岗位上，有幸同时领导和参与海军两种最新型军舰的定型和列装工作，并圆满完成任务，我从心里感到无比欣慰和自豪。

后来，我又负责了另外几艘性能更为先进的国产新型战舰的接装工作。这些战舰成了海军的主力战舰，担负着维护国家领土完整和海洋权益的重任。前不久，它们还受命远赴亚丁湾执行护航任务，有效维护了我们国家海上石油运输通道的安全，受到全世界的关注。

我们这一代军人，军旅人生与新军事变革相伴，就注定了我们永远都处在“零”的起跑线上，只有与新军事变革的浪潮和新型武器装备的更新换代同步，才能跟上时代的步伐。我经受住了国产新战舰列装任务的挑战，积累了比较丰富的接舰经验，但却不能就此止步，因为又有新的挑战在前方等着我。

从天空到海洋，29年的军旅生涯，我见证了新时期中国海军发展壮大的历程。我知道，在新任务面前，我面临的挑战将是前所未有的；我庆幸，我有机会把宝贵的青春和满腔的激情投入其中；我坚信，在我和战友们的共同努力下，我们一定能战胜重重困难，完成中国海军转型发展的大跨越。

亲吻大地

军舰作为“流动的国土”，代表着一个国家的尊严和形象。站在祖国“流动的国土”上，我对人民海军的发展前景充满信心，我对中华民族的未来充满信心！

乡情依依

家乡的山水养育了我，无论我走多远，无论我身在何方，乡情是永远不会忘记的。

我原籍安徽省淮南市。淮南位于中国华东腹地，淮河之滨，是安徽省中北部重要城市。淮河是中国的南北地理分界线，淮南处在中国承东启西、南北对接的过渡带上。我的性格兼具北方人的豪爽和南方人的细腻，我想这大概和我的出生地有关吧。

淮南历史悠久。距今8亿多年的“淮南虫”化石的发现把达尔文《物种起源》关于生命起源不足6亿年的提法向前推进2亿多年。距今300多万年的类人猿牙齿化石，为亚洲最早。境内的“八公山国家地质公园”，地质内涵丰富，遗迹旷古悠远，具有较高的科学研究价值和观赏美学价值。

淮南文化底蕴厚重。西汉时淮南王刘安在八公山招贤纳士，著书立说，编纂了千古名篇——被称为中国古代百科全书的《淮南子》。淮南名胜古迹众多，有被中外考古学家称道的“五古”（即古战

场、古墓群、古寿州窑、茅仙古洞、古生物化石群），其中的淝水之战是军事史上以少胜多的著名战例。

淮南是座年轻城市，1952年建市，面积2121平方公里，人口210万。1984年淮南市和重庆、大连、青岛、无锡等城市一起被国务院批准为“较大城市”，享有地方立法权；1985年被国务院批准为对外开放城市。

淮南是座美丽城市，北滨淮河，南依舜耕山，大小湖泊星罗棋布，可谓“山水平秋色，彩带串明珠”。

淮南是中国豆腐的发祥地。现在每年一度举办“豆腐文化节”，各种各样的豆制品很丰富，足有上百种之多。

淮河流域的花鼓灯被誉为“东方芭蕾”，美轮美奂。

人总是离开家才知道月是故乡明。我在新疆戈壁深处、在上海繁华闹市、在南国寂寞校园、在黄海、在东海、在南海、在遥远的太平洋……回望家乡那轮明月，浓浓的眷念便盈满心怀。

家乡的山水养育了我，无论我走多远，无论我身在何方，乡情是永远不会忘记的。家乡的历史沉淀在心里，我热爱家乡，关注着家乡的发展，期盼着家乡的兴旺。

父爱无声

他那无声的爱像涓涓细流永远流淌在我身边，伴着我一路走来，一路走远……

1998年5月，父亲离我而去了。噩耗传来的时候，我正在大连舰艇学院学习。那段日子，我无数次在脑海中回忆父亲的音容笑貌，总觉得他还在我身边，没有离去……

在我童年的记忆里，家好像总是搬来搬去，居无定所。但是儿童的生活很简单，只要父母在身边，走到哪里都会寻到单纯的快乐。

父亲1953年参加工作，分配在淮南市公安局。我记事的时候，家就住在公安局大院里。父亲从事公安工作很多年，做事总是一丝不苟。他平时看上去有些严肃，话不多，但是眼睛里总是闪烁着坚毅的光芒。

“文革”时，地方武斗很厉害。有时候，我坐在家里，能听到院墙外面有队伍游行的脚步声，人们喊着“下定决心，不怕牺牲”的口

号，有时还能听到附近的枪声。这时我会走到父亲身边，倚着他的腿，寻求安慰。而他总是微笑着用手抚着我的头，晃两下，然后平静地说："没事。"

记得小时候，父亲曾经用自行车带着我到一个什么公社去。我坐在车后架上，父亲骑着车，老旧的自行车吱吱呀呀碾过长满青草的乡间小道。我在颠簸中，紧紧搂住父亲的腰。太阳炽热，父亲的身影挡住了斜着投射下来的阳光，我正好被罩在阴凉里。他的后背湿了，汗水的味道浓烈。那场景在我童年的记忆里留下清晰的印记。

其实，那时父亲已经下放农村了，而他后来每调动一次，我们全家就跟着搬迁一次。

1970年，父亲被调到淮南市邮电局一个支局工作，直到"文革"结束后，恢复公检法，应单位的邀请，父亲回到淮南市政法委工作。我们这个家，也才算安定下来。

父亲对我的教育简单而严格，一如他的为人。

对于我的学习，父亲说的很少，他最常说的一句话是"把字练好"。这句话虽然简短，但是在练字这件小事上，我却受益匪浅。一笔一画，磨炼了我的耐性，也把严谨细致的作风写进我的生命。

我招飞体检合格后，身边充斥着各种声音，类似"应该先报考大学，然后再选择当兵"、"学飞行不仅前途莫测，而且随时都有生命危险"等劝说，不时传到我和家人的耳中。父亲却以一位老共产党员的坚定信念对我说："应该当兵去！"

父亲认为男孩子就是要到外面闯荡，温室里培养不出男子汉，军队是所大学校，是个大熔炉，当兵锻炼人。就是父亲这简单干脆的一句支持，坚定了我走军旅路的决心：是雄鹰就应该选择翱翔，让蓬间雀去经营自己的安乐窝吧。

1998年，我在大连舰艇学院学习。4月的一天深夜，我接到妻子吴洪的长途电话：“爸爸突发脑溢血，生命垂危，正在医院抢救。”放下电话，我心绪难平，怎么也无法接受这突如其来的不幸消息。

一个多月前，我还接到父亲从淮南老家打来的电话。他对我第二次进院校深造感到非常高兴，嘱咐我一定学好本领，将来报效祖国。那次父亲在电话里提出想来大连看看我。当时我很意外，因为参军19年了，父亲从没到部队看过我，怎么突然要到几千里外的大连来？虽然当时我也很想念父亲，但那次学习任务重，时间紧，而且我觉得以后有的是机会陪父亲游玩，所以没有想太多，便违心地劝慰父亲：“现在学习紧张，您来了我很难抽时间陪您，还是等我学习结束后，请您去部队吧。”我想的是，舟山是我的部队驻地，妻子孩子都在那边，接待父亲的条件也会好一些，怎么玩都方便。父亲爽快地答应了，说到哪里都行，只要能见到我就行。

现在想起来，那时父亲似乎就已在冥冥中有了什么预感，他是想在他还能走得动的时候看看我这个离他最远的儿子。可惜那时的我，没能读懂他的心。我好后悔！不该拒绝父亲的要求，也许他到大连一趟，心情好了，就不会发病了。

“五一”放假3天，我赶紧请假赶回安徽淮南。从火车站奔到医院，看到的父亲，已经说不出话来——他双目紧闭，身上插了好几根管子。

放下行李，我开始不停地为父亲按摩四肢，企盼父亲能睁开眼睛，看看这个最让他牵挂的儿子。我把哥哥姐姐们都劝回去休息，为了父亲，他们都累了好些天了。关上门，我一个人坐在病床边，拉着父亲的手，在心里轻声呼唤：“爸爸，爸爸……”昏迷不醒的父亲，没有一丝反应。

从小到大，我和父亲单独在一起的时间很少。家里孩子多，父亲又总是忙着上班。后来我到了部队，回家探亲的时间十分有限，所以细细想来，和父亲在一起的时候真的屈指可数。而这次终于有时间了，父亲却始终没有睁开眼看我一眼。看着他苍老的面容，握着他嶙峋的双手，我知道，儿子欠他太多了。

转眼间，假期就过完了。哥哥姐姐们都劝我早日归队学习，父亲有他们来照顾，尽可放心，不要耽误了学业。哥哥说，父亲如果能说话，也会让我回部队的。我看着在病床上的父亲，心如刀绞——医生说这种情况99%没有救活的希望，让我们有个心理准备。我伫立在病榻前，心里默默地祈祷父亲能够康复，深情地跟父亲道别。“自古忠孝难两全”，我相信，如果父亲神志清醒，一定会理解儿子的。

站台上，我内疚难释。19年前，我参军入伍，父亲和母亲拉着我的手，一直把我送上开往部队的列车。如今，还是这个站台，却不见了父母的身影。

回到学院不久，父亲去世的消息就到了。虽然在意料之中，却依然如中一记重锤，痛彻心扉。1990年，母亲去世时，我正在广州舰艇学院学习，父亲没有让家里人告诉我这个消息，那时我还埋怨过父亲，没让我赶回来见母亲最后一面。后来，队里的政委告诉我，父亲在母亲临终前几天曾经给部队写过一封信，大意是说不要我回家，一切以学习为重。现在我理解了，这正是父亲爱我至深的表现。他不仅爱我，而且因为爱我而更支持我的事业。这次父亲去世我又没能送终。我，真是一个不孝之子！

有时我会觉得，父亲在我心里就如同一座山。父亲坚强、正直，对国家、对人民、对工作、对家庭都有强烈的责任感，这些无形中影响了我，给我指明了人生的方向。

虽然，父亲已离我而去，他在世时我们在一起的时间也不多。但我却觉得，父亲一直相伴左右。他那无声的爱像涓涓细流永远流淌在我身边，伴着我一路走来，一路走远……

忠孝难全

慈母手中线，
游子身上衣。
临行密密缝，
意恐迟迟归。

是不是每一个离家远行的游子行囊里，都有这样一件慈母衣？细密的针脚里，缝满母亲的牵挂。千里的路，不管儿子走到哪里，母亲那长长的牵挂，就跟到哪里。我当兵29年，回家探亲的次数屈指可数，每次临行前母亲那难舍的眼神，都深深地印在我的心里。

我的母亲是一位慈母型的女性，在我的印象里，她从来没有疾言厉色地与人讲过话。无论是教育儿女，还是与邻人朋友交往，她始终都是和颜悦色的。

在对我们的教育上，母亲说不出什么大道理，她都是用自己的行动，告诉我们哪些该做，哪些不该做。这种方式很朴素，但潜移默化的影响却始终伴随我成长。

我记得“文革”时，全家随父亲下放到农村，母亲带着我们几个孩子在生产队挣工分。我那时还很小，就开始跟着干农活，积肥料，拣猪粪。拣猪粪是个脏活儿，难免会带回一股难闻的怪味道，但是母亲从来没有抱怨过，第二天仍然一如既往地干活。她用自己的勤劳、质朴和坚韧给我们上了一课，让我们知道在逆境中不气馁，生活不是等靠要就能美好起来的，每个人都应该去付出，去劳动。

那时的农村生活很艰苦。吃的是高粱米，黑糊糊的。粥倒是白色的杂粮粥，但用筷子搅一下子就澥成了一碗水了。只有亲戚朋友到家里来时，母亲才做些白米饭款待客人。

那时父亲是有工资的，这在农村就是高收入，因此常有亲戚或邻居来我家借钱救急。母亲为人善良，待人诚恳，总是竭尽所能给予他们帮助。有些邻居乡亲家里确实困难，借的钱根本就还不上，母亲也不催，就当是接济他们了。直到十多年后，还有人跑到早已搬回城市的我家来还钱，说是当初母亲好心借给他们的，现在日子好了，能够还上了。

我们家离开乡下返城时，有很多人来送行，围着我们塞鸡蛋、塞腊肉等，场面很感人。

我兄弟姐妹一共6人，我是老三，上面还有一个哥哥、一个姐姐。哥哥很早就工作了，帮着父母拉扯弟妹，为母亲分担了不少重担。母亲从乡下回到城里后在一家医院的食堂工作，后来又到一个蓄电池工厂上班，做的都是极普通的工作。但无论做什么工作，母亲都是尽心尽力的，就像当年在生产队劳动一样。我对待生活和工作的态度或许就是受了母亲的影响，能做到一流，就绝不停留在二流的水平上。

母亲的爱是深沉的，每一个孩子，她都牵挂，对于不在身边的，

就更是爱得深切。

1980年7月5日，我离家去部队。那天我起得很早，整理一些还没有打进行囊的物品。母亲也跟着起了，前前后后地帮我检查还有什么疏漏的地方。确定一切都准备就绪了，她才轻轻舒了口气。

末了，母亲又塞给我50块钱，让我省着花，说部队不比家里，身上宽裕点总是好的。50元，在当时是很大一笔钱啊，我不知道母亲省吃俭用存了多久，但是她却毫不犹豫地塞进了我的口袋。

我鼻子酸涩，眼里含着泪花，看着两鬓染霜的母亲，心潮起伏。母亲凝视着我，久久无语。我知道她有许多话要叮嘱我，但喉头却哽住了。我们母子就这样对视着，千言万语尽在不言中。

而今，妈妈已经永远离开我们了。但那天早晨，她担心儿子受苦的眼神，至今我都历历在目。

1990年6月底，我正在广州舰艇学院飞行员舰长班学习，母亲突发脑溢血。生命垂危之际，父亲没有让家人告诉我这一不幸的消息。他说："孩子在为国家干大事，千万莫分他的心"。当假期我风风火火地赶回家时，才知道母亲早已经走了。

我独自跑到母亲的坟前，看到母亲坟上青草萋萋，巨大的哀痛袭来，几乎令我不能自持。一层黄土，阴阳两隔，我再看不到慈母那满含牵挂的眼神，再也听不到她叫我的乳名……"妈，儿子回来了！来看您了！妈……"我在心中一遍遍呼唤着母亲，耳畔却只有夏蝉聒噪的鸣声。

母亲去世时只有58岁。她这一辈子都在辛苦的忙碌，没有好好休息、享享清福，就匆匆去了，留给做儿子的无尽遗憾。而我少小离家，一直在外奔波，始终没来得及好好孝敬她老人家。

母亲去世前，给我腌了一坛子咸鸭蛋。她知道我最爱吃她腌的咸鸭蛋。她把每一颗鸭蛋都用拌了盐的红泥细致地包裹起来，她说，这样腌出来的鸭蛋出油，好吃。回到家，鸭蛋已腌好，母亲却不在了。当我看到那一坛子咸鸭蛋的时候，泪水止不住流了出来。

母亲对儿子的爱，哪管时间的流逝，空间的阻隔？即便只能对着门口守望，该做的，母亲一样都不会少做；该牵挂的，母亲一刻也未停止牵挂。沐浴在这样深沉的爱里，我是个多么幸福的人！可是，世界上最爱我的这个人，她已经走了。这世间，又有谁，能再给我一个母亲？！

我人生唯一的憾事就是对于生养自己的父母，不能承欢膝下、养老送终。现在父母双双驾鹤西去，我只能把对他们的爱化为报国之行。都说军人自古忠孝难两全，我要说，对国家尽忠，也就是对父母尽孝了。如果父母泉下有知，他们也会感到欣慰的。

少年不知愁滋味

放学后便是天堂，一心就想着玩了，爬山、游泳、钓鱼、打鸟……男孩们从来都不缺少玩的方式。

有一首歌里唱到：“小小少年，没有烦恼，无忧无虑乐陶陶。”少年时代的我没什么特别的想法，和很多的小男孩一样，上学放学，游戏玩耍，尤其喜欢爬山、游泳，喜欢亲近大自然，是一个快乐顽皮的孩子。

上学要好好学习，争取将来考上大学，父母一再地提醒，学校老师也一再地强调。考上大学是家长、老师、学生共同的目标，至于上完大学干什么，谁都没有想过，也想不了那么远。

我小学在淮南市田家庵第五小学就读，初中在淮南市第24中学。因为父亲再次调动工作，举家搬迁，后来又转学到第15中，在那一直读到高中毕业。

上学的时候，由于好玩，我对学习抓得不是太紧。对于偏重于理解的课程，我的兴趣比较浓厚，数理化我都学得很好，不用费什么力气就能考个好分数。而需要死记硬背的课程，则不是我喜欢的。

放学后便是天堂，一心就想着玩了，爬山、游泳、钓鱼、打鸟……男孩们从来都不缺少玩的方式。

夏天时，我很喜欢游泳，经常带着弟弟到我家附近的池塘去游泳，变着花样地游，有时一游就是一整天，为此没少挨父亲批。那时弟弟还小，而池塘又没有专人看管，父亲怕我们有危险。可是在我看来，在水里钻进钻出是非常快乐的事情，特别是大暑天，那种泡在水里的清凉是最大的享受，简直具有难以抗拒的诱惑。所以，尽管会被父亲批评，我还是会偷偷跑去游。只是为了减少被父亲发现的几率，就不常带弟弟了。

后来我到了舰艇上，游泳训练的时候，很多年轻小伙子都游不过我。他们看我游得又快又好，都发出惊异的叫声。我在心里窃笑，我练游泳的时候，你们还没出生呢……

要说最喜欢的，还是爬山。最早爬的山是我们学校附近的一座小山——淮南市南部的舜耕山，不过海拔200多米吧，却给少年时的我带来无尽的欢乐。

那时父母忙着上班，哥哥姐姐忙着自己的工作和学习，顾不上管我，我就成了一个成天在大自然中撒野的少年。一有时间我就拉着同学往山里跑。我可以一口气爬到山顶，完全不知疲惫。站在山顶上，俯瞰着山下的工厂房屋，我的征服欲得到满足，心中充满无限的畅快。在大自然中，我忘了老师天天叮嘱的考大学的目标，忘了还有家庭作业在等着我，忘了父亲关于练一手好字的严厉要求，也忘了母亲埋怨衣服又弄脏了的唠叨。也就是从那时起，我喜欢上了山。我喜欢山里清新的空气，喜欢山涧幽幽的清泉，喜欢在山间

杂草丛中寻找小路，喜欢站在山顶极目远眺……喜欢这充满生机的大自然。

后来我当飞行员时，紧张的飞行训练之余最大的乐趣就是爬山了。营房旁边就是山，早春三月，山上杜鹃花开得正旺。每天早晨爬山回来，我都要采一大把，回到宿舍插在炮弹壳里，摆在书桌上，整个房间顿时充满了勃勃生机。

中秋时节，月圆之夜，我们不能回到父母身边，就和战友们相约，带上吃的，在山顶上聚会。山上的月亮显得特别大特别圆，月光如水银般地泻下来，我们的心境像月光般澄澈透明。大家举杯邀月，开怀畅饮，思乡的惆怅便被欢乐替代。

山上花红草绿，令人心旷神怡。还有许多的瓜果，从春到秋不间断。杨梅、枇杷、橘子以及其他不知名的小野果，每次上山都能吃个痛快。

喜欢山，因而对山的性格有一定的理解。喜欢爬山，所以对爬山的艰辛和乐趣有深切的体会。我一直觉得人生好比是爬山，虽然避免不了汗水甚至伤痛，但欣赏了沿途的风景，享受了山风的凉爽，更可体味登顶时的豪迈和远眺时的舒畅。

人生这座大山有时道路平坦，有时山路崎岖。平坦时可积蓄力量，崎岖时则要奋力攀登。

温馨的“港湾”

我的家同千百万普通军人家庭一样，也像是天上的月亮，缺时多，圆时少。但家人给予我的，却是无法替代的理解和关爱。

有人说，事业和家庭就像鱼翅和熊掌一样不可兼得，成就事业总是以牺牲家庭为代价的，我却不这么认为。我要事业也要家庭。一个连父母妻子都不爱的人，要让他去爱国爱人民，那是不可想象的。当然，事业和家庭有时会发生一些矛盾，军人在家的时间毕竟很短。但我觉得夫妻感情不能以时间论，而应以质量论。有的夫妻整天厮守在一起却同床异梦，有的夫妻虽然彼此天各一方却心心相印。幸福其实只是一种感觉。分离的忧思其实也是一种苦涩的甜蜜。

家，是座温馨的港湾。我的家同千百万普通军人家庭一样，也像是天上的月亮，缺时多，圆时少。但家人给予我的，却是无法替代的理解和关爱。

我有一个幸福的小家庭。我深深爱着自己的妻子吴洪和女儿柏羽。当然我也清楚，舍不得儿女情长，怎能去搏击风浪?

我从广州舰艇学院飞行员舰长班毕业后到了舟山，和妻子过着牛郎织女的生活。我常在信里兴致勃勃地给妻子描述普陀山的秀美、战舰的威武;描述蓝色的大海、绿色的树木、金黄的果实;我说整天和大海在一起，心情比较开阔，还说这里的气候要比内地好，她看了，知道我是在动员她随我一起上岛，全心全意地支持我。

我回家休假，妻子理解我的大海情结，知道我是一个以事业为重的男人，我的假期一满，她就带着不满两岁的女儿跟着我到了部队。

一家人刚到部队，我就接到了赴上海接新舰的任务。我顾不得安顿旅途疲劳的妻子女儿，便去忙着做接新舰的准备工作。我带着战士们到上海某造船厂接新舰，刚刚到了海岛军港尚未安排住处的妻子女儿又跟着我坐船来到上海。

下了船，我只能把她们娘俩丢在一旁，去安排战士的食宿。30多人要吃饭，灶上却没有煤，我得马上联系买煤的事。还得安顿30多人住下，为他们分发卧具、毛毯。最后，我

1990 年 8 月的全家福

1998 年 6 月陪女儿练琴

还要把战士们按照舰艇部门编成几个班。这些看起来是生活小事，办起来却十分繁杂，我根本抽不出时间精力来照顾她们。

妻子因晕船呕吐，中午想睡觉也没有地方，就坐在工厂升旗杆的台阶上睡着了。谁知女儿玩耍时，从台阶上一头摔下来。一岁多点的女儿脑袋着地，发出“嘭”的一声响，加上惊吓，当场就休克了。小孩憋得小脸发青，半天才哭出声来。妻子吓得不知所措，幸亏舰政委带人及时赶到，把孩子送到医院抢救，才脱离危险。我闻讯赶到医院，心疼坏了，抱着孩子又找了好几个医院，确诊没事才放心。

忙了整整一天，累得筋疲力尽不说，还把孩子摔了，那天我真是百感交集，当兵以来第一次有一种悲凉的感觉。如果为了我，把

孩子摔出什么毛病来，我以后怎么面对她们母女？晚上，在厂里忙了一天的我回到“家”，心里充满了内疚。我对疲惫不堪的妻子说：“等我忙完这阵子，一定好好陪你们娘俩。”

这些年来，妻子已记不清我这样许诺过多少次了：带她领略普陀山的佛教文化、观赏溪口的秀丽景色、游览雁荡山的奇峰峡谷，体验老家过年的热闹气氛……可是我总是食言。

原想随军后一家人就在一块儿了，其实并非如此。军舰出海不用说，军舰不出海我在家的时间也很少，因为部队规定，每周只能回家两次。碰到值班或有任务，一次都很难保证。很多次除夕之夜，我都是在舰上度过的，她们娘俩自己过。

女儿也总盼着我早点忙完，这样就有空教她学游泳，陪她逛公园，带她去北京看天安门……可是我总有那么多忙不完的事。

我也很想做一个好丈夫、好父亲，我也希望能兑现对妻子女儿许下的诺言。但正如女儿所说的：海是我的家，舰是我的魂。军人首先要兑现对祖国的承诺。

这些年的不容易

吴洪多么希望我在身边帮她一把。但她也知道嫁给守海人就得经得起“风浪”的考验。

舰艇出航，远离故土，每到夜深人静的时候，我的耳畔总会回旋着这熟悉的旋律。“这些年的不容易，我怎能告诉你。有过多少叹息，也有多少挺立。长夜的那串泪滴，我怎能留给你……”

妻子吴洪，随军前是安徽省淮南市一家幼儿园的副园长。1995年她舍弃了家乡优越的生活、工作环境，随军跟我到了舟山。妻子未必是最优秀的，但对我的付出肯定是最多的。她从不计较做多少家务事，只是希望一家人在一起。但这个看起来很简单的希望，却很难达到。我只能是尽量争取，满足她这一小小要求。

当一名军人要舍弃很多东西，多少人家在最温馨的节日里享受团聚的幸福时，我可能正在遥远的大海上巡逻。这些年我在外学习、参加演习、战备巡逻、护渔护航、抢险、接修舰艇、外事活动以及率舰出访，任务繁多。不出海执行任务的日子，也只能是每周三、六

晚上回家，星期日休息一天。休息时还常遇上值班，回家的时间真的是很少，家里的事全靠妻子操心。

1998年4月，女儿扁桃体发炎引发重感冒。因为照顾女儿，妻子也累病了，一连几天高烧不退。当时我远在千里之外执行任务。吴洪多么希望我在身边帮她一把。但她也知道嫁给守海人就得经得起“风浪”的考验。

那天，吴洪感到头晕目眩，浑身发抖。她把女儿叫到身边，塞给她两包方便面，嘱咐道：“孩子，别离开妈妈，你过一段时间就推我几下，如果妈妈醒不来，你就赶紧给邻居阿姨打电话。”懂事的女儿

1989 年 5 月，华南植物园

2006年8月在朱家尖

拿来纸和笔，记下电话号码，一直守候在妈妈身边。

回来之后，我得知这一切，心里好愧疚啊！这些年我欠妻子和女儿的太多了！也正因为如此，每次我回家，都会抢着干家务活。拖地、做饭、陪女儿玩。

有一次我在家休息，女儿要到学校去学舞蹈，正好遇上下大雨，妻子劝女儿别去了，可我还是坚持送女儿去，并一直等到女儿下课。在外面等女儿的时候，我在学校接待室的凳子上睡着了，还是女儿把我给推醒的。回家后女儿说给她妈妈，妻子埋怨我，说在舰上那么累，回家就应该好好休息休息。女儿上的是业余课，不去也无妨，你何苦呢？我说，我欠你们的太多太多，总得给我个补偿机会吧。

这些年，妻子跟着我，老是为我担心。1995年执行战备任务，备

战备航期间，有一种无形的压力在笼罩着大家，虽然大家什么也不知道，但是这种气氛谁都感觉到了。

这次任务不一般，起航的前几天，开始装导弹，主炮、副炮也开始压弹链，一压就是几千发。当时天气很热，大伙儿的肩膀都晒脱皮了。码头全部戒严，人员严禁进出。

家属区也乱了套。家属们都在传说，要打仗了。当我们开始往船上搬防鲨剂、损管器材、裹尸布及大塑料袋(这是为每名官兵准备的，预备一旦有人牺牲，好把遗体用布裹起来，装进塑料袋里，放入冰库冻起来)的时候，家属们都慌神了，整个家属区愁云密布。

我当时好几天没能回家，妻子打电话也找不到我。在当时还没有手机，所以妻子一开始并不知道，是后来才听别人说的。当我最后回家和她告别时，她问我到底出了什么事。我说："没事，就是正常的护渔护航，不用大惊小怪。"这次回家，我只在家里待了一个小时，和小孩一起玩。她见我和孩子好像特别的亲密，越想越不对劲，就一再追问，要我说实话。我说："不是都告诉你了吗？没事！"

我为什么不和她说那么多？我想，和她说了一点好处都没有，只能是让她担心，执行任务回来了，自然一切都过去了；一旦回不来，让她担惊受怕这么多天还是出事，不如让她暂得几天安宁。

有很多同志都写了遗书，执行任务的同志几乎人人都把舰上个人不用的物品搬到了大队，做好了牺牲的准备。

凌晨3点钟，天漆黑，舰艇不开灯，不鸣号，不拉铃，静悄悄地离开了码头。其实，我们出去的当天，我妻子就知道我们去执行什么性质的任务了。我不说，她可以从其他渠道了解。至少中央电视台播出了我军进行导弹演习的消息，何况她住在部队大院里，还是了解到一些情况。我在外多少天，她就会一直担心多少天。

妻子吴洪

妻子生性恬静，像一池静静的水。她说奇怪我与生俱来的活力，像一团火。这团火随着年龄的增长，非但没有减弱的迹象，似乎更加旺盛了。只要我一进家，家里立刻生气勃勃。

舰靠码头的日子，遇到三六休假，除了回家我哪儿都不去。我不串门，不打牌，不喝酒，也从不睡懒觉。我在家的作息跟在舰上一样，依然是一大早准时起床，然后把妻子女儿都叫起来，带着她们下楼锻炼。

我总是努力做个好丈夫。全支队给家打电话最及时的是我。出海执行任务，不论军舰停靠在哪，我都会立刻打电话报平安。我虽时常“远走高飞”，但妻子说从来没有让她有过找不到人的感觉。我

希望自己天天都能让她听到我的呼吸,感受到我的温暖。打电话的时候,如果我听出她有点感冒,立刻会说:“你声音不对,我听出来你感冒了。”接下来就是一连串的嘱咐:注意穿衣,不要太累,家里要熏醋等等。

妻子身体一直瘦弱,常常腰酸背痛,我在家休假,会非常仔细地给她按摩。我喜欢翻着《家庭生活大全》做菜,会顶着盛夏的太阳骑车到郊区买一盆吊兰,给家里添一片清凉的绿色。家里的门锁、窗轴我定期检查上油,就像保养舰上的装备一样认真。我给妻子买了辆小摩托车,这在当时还是很时髦的东西。刚到家,我就把它拆成零零散散的一堆,我想看看里面的构造,好知道以后怎么保养。看明白了,再装起来,并依次教她注意事项。刮台风的时候,她单位的同事们都是推着自行车艰难前行, 只有她骑着小摩托车呜呜一

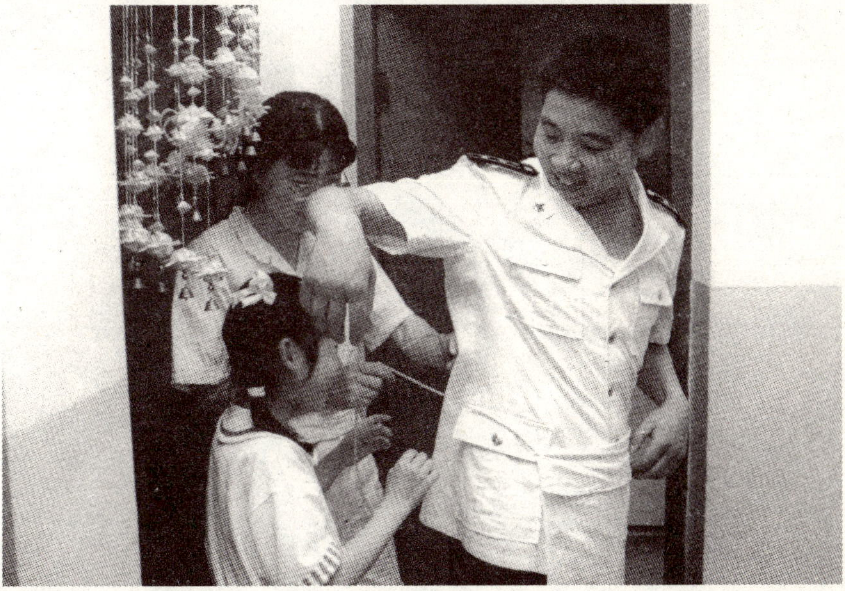

1998年6月,准备下厨

阵风，心里别提有多得意了。

虽然我总是"亏欠"妻子，但我们之间的感情却像陈年的酒，随着岁月的流逝，越来越香醇。结婚这么多年，我们从来没红过脸。妻子说，我带回家的全是快乐。

“你自己的事，自己做主！”

那一刻我内心的感动无以言表，我只能把她对我的理解和支持化作考试的动力。

1987年，我报考飞行员舰长班向妻子征求意见。

当时，我们正准备结婚，我的部队驻在上海，生活条件不错，而且结婚后可以马上随军到上海，并由组织出面安排工作。如果我考上，这一切都将化为泡影。我知道她早已沉浸在对未来生活的憧憬中，我的决定对于她来说可谓“残忍”。但是我报考的决心很大，我必须得到她的支持。

于是，我给她写了信，还没等她回信，又急不可耐地从上海给她打电话，问她想好了没有。她说：“你不要考虑我去不去上海的事，你应该坚持自己的理想，何况此事还得经过考试，还不知道能不能考上呢。”

我当时就告诉她：“只要你同意，我就能考上！”

她说：“你自己的事，自己做主！你去考吧！”

尽管她对飞行员到舰长这一变化的深刻内涵不很清楚，但她知道大海与蓝天一样充满着风险和挑战;她还知道,我一旦考取,她随军所去的地方将不再是繁华的大上海,而是偏僻的海岛。那一刻我内心的感动无以言表，我只能把她对我的理解和支持化作考试的动力。我之所以能在众多应试中都脱颖而出,跟这份理解和支持是分不开的。

后来,我的人生又面临过大大小小多次选择。每次,她都尊重我的决定,从不计较家庭的得失。她说得最多的还是那句:“你自己的事,自己做主。”

每一个成功男人身后都有一个好女人。如果说我做出了一点成绩,算得上成功男人的话,我得感谢站在我身后默默支持我的好女人——吴洪。

女儿生在海军节

我常想，我从蓝天到大海，我生命的延续亦属于蓝天大海。这中间蕴含着怎样的玄机？在我们父女身上是否存在某种特定的基因密码？

在广州舰艇学院学习期间、我结了婚。不久，我们有了一个小女儿。我给她取名“柏羽”，是“白羽”的谐音。羽毛是洁白的，在天上飞，对分居两地的我们来说，是一种情感的寄托，洁白的羽毛寄深情啊！另外，这个名字的另一层含义是纪念我曾经深爱的飞行事业。我忘不了飞行，给女儿起一个能飞翔的名字，算是寄托我对蓝天的一份情怀吧。

女儿是4月23日出生的，这一天正是中国的海军节，是人民海军的诞生纪念日。女儿的名字属于蓝天，生日却属于大海。我常想，我从蓝天到大海，我生命的延续亦属于蓝天大海。这中间蕴含着怎样的玄机？在我们父女身上是否存在某种特定的基因密码？

女儿小羽很喜欢和我玩，只要我在家，她就高兴得发疯。每次从舰上回到家里，脱下军装，我很快就能进入家庭的角色。我跟女

小羽 3 岁时

儿讲故事、讲笑话、跳绳、练倒立、拿大顶、翻跟头，和她一起唱歌、念外语，家里总是笑声不停。妻子说我是个“活宝”，小羽说我是同学是朋友。我从不强迫她多做功课，只是说：“作业做完了吗？做完了，走，咱们玩去！”为此妻子还常常有意见，认为我抓她学习抓得不够狠。

我喜欢蹬上自行车，前面坐着女儿，后面坐着妻子，一家三口到海边呼吸带有咸味的新鲜空气，享受大自然的阳光。星期天带女儿爬山，我总是在她们身边来回跑，给她们加油。我还爱带着女儿到郊外的田野里捉蚂蚱，到小河边抓小鱼，每次去都带着家里养的小乌龟，也给这个小生命亲近大自然的机会。

女儿想吃葡萄，我就骑车带着她到郊区的葡萄园，先看看葡萄是怎么长的，然后再买来吃。这比到市场上去买有趣多了，连没长熟的葡萄她都觉得是甜的。我还会指着地球仪给她讲地理和自然，用火柴棍给她演算数学，甚至三弄两弄给她做个香喷喷的汉堡包。用女儿的话就是，不管多么乏味的事，到了我这里就会变得有声有色，趣味无穷。

女儿经常和我说：“爸爸，你一回来，我们就很幸福。”可是我在家的时间总是很短，女儿就自任土编、自写自画办起了《家庭报》。

1998年1月10日，8岁的女儿柏羽主办的《家庭报》诞生了。这张“报纸”的读者只有两个人：我和妻子吴洪。问她为什么要办这张“报纸”时，她很认真地说：“因为爸爸老是不在家，家里发生的许多事你都不知道。现在爸爸回家只要看看这张报纸就什么都知道了。”童言无忌，童心最真。妻子摔伤腿、岳母生病等家庭大事，我都是从《家庭报》上知道的。

《家庭报》第一期的重头文章是《我有一个好爸爸》，里面写到只要我能回来，常带她到田野去玩，还夸我每次爬山总是第一，写她跟我一起真有意思。字里行间是浓得化不开的父女情，我看了以后心里甜丝丝的。

小羽 6 岁时

小羽在海军工程大学

报上开了不少栏目，每一期都发布关于我的消息：爸爸出海了。爸爸去北京开会了。有一次她在“我的日记”栏目里写道：“爸爸，我很想你，家里只有我和妈妈，我感到没意思。要是您每天都能回来，那多好啊。我们可以到处去玩，(您)给我讲有趣的故事，我多么想让您回来啊！亲爱的爸爸——作者柏羽。”

舰上的官兵有时会开玩笑说：“舰长，你要有个儿子多好，将来像你一样，又能开飞机又能驾军舰。”

我笑着说：“我喜欢女孩。”说这话时我很得意，因为我的女儿柏羽是那么的可爱，有这样一个小天使，我还有什么不满足的呢？

我和女儿关系一直很融洽。542舰随海军编队出访南亚三国，每到一个港口，我都在百忙之中给家里发一封信，信寄到女儿的学

校。其中一封这样写着:“小羽:家中没有去信,只给你写了信,为什么呢?因为在家中你最可爱,最让人喜欢。在泰国,爸爸事情太多,电话没有给你打,现在爸爸已经到了马来西亚,过三天才离开,下一站到菲律宾,路上一切顺利。在家听妈妈的话,回家我要了解你的表现,表现好给你奖励一个小礼品,表现不好要批评。再见!爸爸。”回国后,我落实了奖励:一对红木雕刻的可爱的“鹅妈妈和鹅女儿”。但女儿告诉我,其实我带回来的最好的礼物是:关于大海的新故事。

我能感觉到孩子为我感到骄傲,但我总是告诫她:自己的路自己走。

小羽没让我失望,她的学习成绩从小到大一直不错,而我最欣慰的是她品格好,很孝顺,很少让父母操心。当她被海军工程大学录取的消息传来的时候,我正在千里之外的南海接受新的任务,我从心里为女儿自豪。作为女孩子,虽然她将来开不了飞机,也驾不了军舰,但一样能为海军建设作贡献。

女儿生在海军节,她和我一样,属于大海。

不敢称英雄

我只是一名当代军人。我取得的成绩也算不上英雄壮举，只是尽了一份当代军人的职责而已。

我是这么看待荣誉的：集体的荣誉永远是第一位的，个人荣誉是第二位的，集体的荣誉永远高于个人荣誉。我可以不要个人荣誉，但集体荣誉我一定会去争取！

因为无论在平时或战时，军舰永远是一个整体。

我在驱逐舰、护卫舰担任舰长总共有七年的时间，在这七年里我执行了大小数十次任务。各种任务结束或年终评功评奖，我都有很多立功受奖的机会。但是我在本级支部或党委，从来没有为自己提过一次名，向上级党委报过一次功。我所立的一、二、三等功都是上级党委直接授予的，但我所在的军舰却赢得了难以计数的各类奖项和荣誉。

在护卫舰时，我所在舰连续三年获得了“达标先进舰”，取得了大队比武第一名；在驱逐舰时，我所在舰当时是支队落后舰，之前

连续五任班子都没有改变它的落后面貌，我到任后带领全体舰员奋起直追，当年就取得了舰队组织的全训考核第一名，获得了训练及管理的单项荣誉，第二年就跨入了先进行列，获得了“达标先进舰”。

个人荣誉没有给我带来什么变化，我还是一如既往地工作，坚持低调做人、高调做事的原则。高调就是对具体的某一项工作，我会提出自己的观点、想法。如果我认为我的想法更好，我就会去试图说服他人，就算发生争执，我也会尽最大的努力。如果我是主官或由我负责某一项任务，意见不统一时我就坚持我的意见，让他人统一到我的想法上来行动。任务圆满完成，得到上级的表扬和鼓励，功劳归功于团队，荣誉属于大家。

当然，这些年我得到了不少个人荣誉，甚至有人把我称为英雄。我从不认为自己是英雄，我只是一名当代军人。我取得的成绩

1998年，第九届“全国十大杰出青年”合影

1998 年，两岸“十大杰出青年”在重庆交流活动

1999 年参加国庆阅兵登上彩车的英模合影

中华全国青年联合会第九届委员会第一次全体会议留念

北京.2000.7

也算不上英雄壮举，只是尽了一份当代军人的职责而已。

我和大家一样，是一名普通的军人，也没有什么更多的天赋。我所以能从飞行员到舰长，首先是党和国家、军队对我大力培养的结果，其次是众多朝夕相处的战友和“老舰艇”们无私的帮助和支持，接下来才是个人的勤奋和努力。我始终认为，高技术不是高不可攀的。两个较复杂的高技术军种之间也并非隔着万水千山，只要有为军队现代化去拼去搏的决心和责任感，我能做到的，很多人也都能做到，甚至会比我做得更好。

“祥云”来到

奥林匹克精神对军人来说具有特殊重要的意义，那就是不断挑战自我、创造新的成绩！

我是个“体育迷”，平时喜欢游泳、打篮球、打乒乓球等运动。

篮球我打后卫兼组织全场。一场激烈的篮球赛结束，我通常会率领小伙子们到机库大门边，排起队头朝下“倒立”，这样有益于大脑补充血液。

过去海军出海，舰上官兵经常组织软梯攀缘、空中爬绳比赛等竞技性体育活动。如今我率领舰船出海时，会带官兵上甲板跑步、用哑铃等器械组织体育锻炼，或者叫上一伙人在飞行甲板上比跳远，做俯卧撑等。我一口气能做40个俯卧撑。还有单双杠、旋梯、滚轮、浪木都是我的拿手好戏。

军人需要一副强健的体魄，有时候虽然在外地出差，但我还是每晚坚持跑步40分钟及做俯卧撑和单双杠等体育活动。

军人职业和体育运动有许多相通之处。担任战斗机飞行员时，身体要承受几倍于体重的负荷，这对飞行员大脑的平衡感和手脚协调性提出了很高要求；在海军舰艇出海时遇到风浪，对智力和体力都是极大考验。军人和运动员们一样，都需通过严格的训练和刻苦的学习，不断锤炼意志品质，不断提高军事技能，才能担当重任。

在奥运火炬宁波站的传递中，我有幸参与其中。作为一名军人火炬手，我感到无比光荣，无比自豪。这份光荣和自豪属于我个人，更属于全体战友。体育运动能培养人的意志力，培养团队意识，形成凝聚力。作为东海舰队唯一的军人火炬手，“更高、更快、更强”的奥运精神将激励我们全体舰队官兵不断拼搏努力。

海军是一个国际性军种，每次官兵出访和远航时，他们的一举一行都代表着祖国和军队的形象。奥林匹克精神是全世界人民共同追求的，“祥云”圣火的到来增强了官兵们的使命感和责任感。他们纷纷表示要把奥林匹克精神贯穿到训练生活每一个环节中去，把每次出海当做传播和平友谊的平台，努力为祖国为军队争光。

奥运火炬手

“更高、更快、更强”的奥林匹克精神对军人来说具有特殊重要的意义，那就是不断挑战自我、创造新的成绩！在与对手的军事较量中，训练场和战场就是竞技场，在这里必须奋勇拼搏争当第一，才能在未来战争中立于不败。

人生的坐标

当代军人应该找准自己的人生坐标，练就适应未来战争需要的高素质。

真正的军人，应把使命、职责和义务放在第一位。也就是说，在军人的人生辞典上，写在最前面的应该是使命、职责和义务。

我的成长历程，始终伴随着我对中华民族历史、今天和未来的思考。在我的故乡淮南，当年日寇杀害中国矿工的“万人坑”，距离我就读的中学不远。我参军的第二年，英、阿马岛之战爆发，由航空母舰、核潜艇、巡洋舰等现代化舰船组成的英国特混舰队奔袭2万多海里，长驱直入，在阿根廷的家门口打赢了这场战争。这场改变人类战争面貌的海战，深深地触动了我。150多年前，装备坚船利炮的英国远征军也曾在一个国家的家门口打赢了一场战争，这个国家就是中国。在我即将从海军广州舰艇学院毕业的那一年，海湾战争爆发，面目全新的高技术战争再次震撼了我的心灵。

1991年我被分配到海军东海舰队某驱逐舰支队任实习副舰

长。这是一支英雄辈出的部队，驻浙江定海。定海是鸦片战争中的一次悲壮战役——定海保卫战的古战场。1844年，手持大刀长矛驻守定海的清军5000将士在这里浴血抗击外国侵略者，最后全部壮烈殉国。古战场竹山脚下的牌坊上，至今悬挂着一幅一字一恸的对联："那六天洒流五千人英雄血，这一仗打痛每一颗中国心。"

面对中华民族历史的教训和今天面临的严峻挑战，我深切地认识到，中华民族近代史蒙受的奇耻大辱，归根到底是由于国力的衰弱、科技的落后。落后就要挨打，落后就要亡国。

我也常思考：对于处在和平年代的当代中国军人来说，究竟什么才是英雄？什么才算得上英雄壮举？

中华民族的军人在人类战争史上每一个阶段，都有彪炳史册的英雄。精忠报国、武艺超群、策马疆场的岳飞，智慧过人、谈笑自

2007年4月29日，"战斗英雄"麦贤得与舰上官兵交流

如、决战千里的诸葛亮，为国为民、英勇杀敌的海军卫士王昆、舒积成，豪气万丈、不畏生死的董存瑞、麦贤得等等，都是我心中的偶像，是我崇拜的英雄，他们的行为可谓英雄壮举。

冷兵器时代，我们有千里走单骑的关云长；冷兵器与热兵器并存的时代，我们有壮志未酬的关天培；热兵器时代，我们有用手臂举起炸药包、用胸膛堵机枪眼的董存瑞、黄继光。在今天信息战、电子战的时代，中国军人的英雄必然诞生在学习钻研高科技的前沿，我们就是要成为这样的英雄，要有这样的英雄壮志！

当代军人应该找准自己的人生坐标，练就适应未来战争需要的高素质。现在，新世纪的钟声早已经敲响，提高每个人的素质已是当务之急。既然时不我待，就得分秒必争，甚至秒秒必争。五彩斑斓的繁华社会的确吸引人，在其中也的确可以学到许多东西，但它只是外部环境。身处什么样的外部环境，绝大多数情况不以人的意志为转移，内心世界才是至关重要的。何况繁华总要归于平淡，其生命史是短暂的，人需要的是内心的强大。强大而永恒的内心的世界才是我们需要关注和追求的。

人有时候需要静。哲学巨匠、思想大师、文化大家之所以有大作，多是静中所得。静观水至深，静观心至清，静观世界至准！

站在“流动的国土”上

军舰作为“流动的国土”，代表着一个国家的尊严和形象。站在祖国“流动的国土”上，我对人民海军的发展前景充满信心，我对中华民族的未来充满信心！

海军被称做“国际军种”。在军兵种当中，唯有海军舰艇可以整建制地跨越国界，担负着军事外交的特殊使命。随着世界“多极化”形势的发展，军舰互访成为最为活跃的军事外交方式。

军舰作为“流动的国土”，代表着一个国家的尊严和形象。组织军舰出访，既能增进我国人民和军队与被访问国人民和军队之间的友谊，又可锻炼部队的远航能力，提高部队的全面素质。通过与外军交往，还可以发现自己的不足，达到取人之长补己之短的目的，促进自身建设。另外，军舰出访能向世界展示我军威武之师、文明之师形象，扩大我国在国际上的影响。

1997年春，人民海军首次同时组织两个舰艇编队走出国门，出访美洲四国和东南亚三国。我率领542舰参加了出访泰国、马来西亚、菲律宾东南亚三国之行。

一个春光明媚的日子，编队解缆起航。站在“流动的国土”上回望历史，我心中充满自豪。

中国是一个航海历史悠久的大国，早在1405年到1433年，我们的祖先郑和就曾七下西洋，率领庞大的战船编队横渡印度洋，远达非洲东海岸索马里的摩加迪沙和肯尼亚的马林迪等地。郑和船队访问了37个国家和地区，比哥伦布的大西洋之行早78年，比哥伦布去美洲新大陆早87年，比达·伽马经过好望角早92年，比麦哲伦环球航行早114年。

在出访东南亚往返7400海里的航程中，我率领的542舰先后跨越东海、南海、泰国湾、新加坡海和马六甲海峡，在烈日、暴雨、急流、险滩和浓雾中经受了全面考验。

站在祖国“流动的国土”上，面对外军同行赞叹的目光，我感到

1997年，率542舰出访泰国，在曼谷与泰国海军互赠礼品

1997年在泰国梭桃邑军港，泰国海军同行送来了水果

无比骄傲。

就在出访前的一次准备工作会议上，机关检查组一名主管装备技术保障的总工程师问我：“柏舰长，你的542舰需要多少装备技术保障人员随行保驾？”我毫不犹豫地回答道：“我们的舰员完全有能力完成此项任务，保证军舰怎么开出去，就怎么开回来！”

我之所以敢这么“牛气”，因为我知道，我和我的战舰、水兵即将作为中国人民海军的代表，向全世界亮相。我相信，我和我的水兵是一流的！我的信心来自于“祖国把战舰交给我，我就要让祖国放心”的高度使命感，来自于为了祖国的荣誉和尊严而想现代化、钻现代化、干现代化的不懈追求。

中国舰艇编队劈波斩浪远涉重洋出现在东南亚的泰国、马来西亚、菲律宾，令当地华侨华人欢欣鼓舞，激动万分。他们把祖国军舰来访视为一生中的盛事，挥动红旗，点燃鞭炮，舞起祥龙瑞狮……

用中华民族最吉祥、最喜庆的方式，欢迎远道而来的祖国海军官兵,表达对富强发达的祖国的依恋之情。当看到一面面鲜艳的五星红旗高高飘扬在一艘艘威武的银灰色战舰上时，华侨们都不约而同地高喊:“看,中国军舰！”

在马来西亚卢木军港，一位70多岁的华侨老人望着威武的中国军舰问我:“舰长先生,这艘舰真是中国自己建造的吗？”我骄傲地回答道:“没错,是我从上海造船厂把它接回来的,它的每一个部件都是中国制造！”老人抚摸着军舰甲板激动地说:“我到国外几十年了,今天终于踏上了祖国的‘流动的国土’。祖国的军舰来了,为我们华侨鼓了气,撑了腰啊！”

另一位老华侨登上542舰，看到装备精良的战舰，高兴地说:“过去,中国连一只手表都造不出来,今天能造出如此现代化的军舰,体现了祖国的强大和科技事业的发达。我的祖国已经成为东方

1997年,率542舰出访马来西亚时,与该国海军将领合影(右一)

巨人！”

每到一个港口，站在祖国“流动的国土”上，望着海外侨胞们如林般的手臂挥舞的五星红旗，我心中生发出无限感慨。

中国作为太平洋区域一个主要的濒海大国，理所当然地要建立一支足以与本国地位相称的海军。然而过去的中国，贫穷和落后使得我们国家没有一支像样的海军，我们的港口成了外国军舰耀武扬威的地方。

新中国成立，宣告一个旧的时代结束，一个崭新的时代开始，人民海军从无到有，艰难起步。1950年，人民海军首任司令员肖劲光视察刘公岛，不得不向威海渔民借船，他心情沉重地对随行人员说：“记下来，1950年3月17日，海军司令员肖劲光乘渔船视察刘公岛。”六年后，苏联太平洋舰队司令库切罗夫中将率巡洋舰、驱逐舰首访我国，曾热情地邀请我人民海军访问苏联。遗憾的是，肖劲光

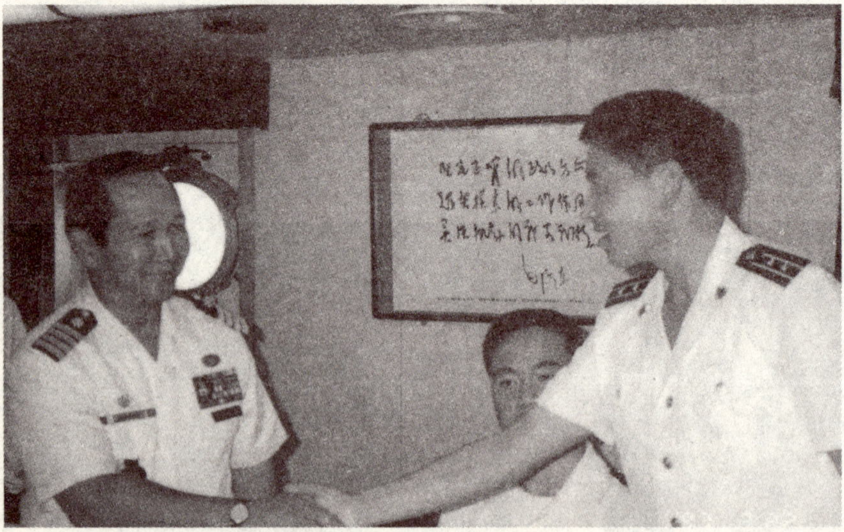

1997年4月，马尼拉军港，在542舰上接待菲律宾海军将军

1997年，率542舰出访菲律宾时，参观马尼拉军港外的战争岛二战遗址（中间）

司令员仍找不出一艘合适的舰艇作一次礼节性的回访。

西沙海战不久，毛泽东对外宾伸出小拇指说：“我们的海军就这么大。”第二天，他对海军政委苏振华伸出大拇指说：“我们的海军要这么大。”一字之差，可以看出一代伟人对人民海军发展建设的强烈愿望和决心。

人民海军在艰难中起步，舰艇出访编队从无到有。1978年8月2日，当邓小平从“鞍山”舰下来，登上第一艘中国制造的驱逐舰“济南”舰时，他的双腿在这里跨越了中国驱逐舰的一个时代。

沐浴着改革开放的春风，人民海军建设进入一个跨越式发展阶段，新型导弹驱逐舰和大型综合补给舰尽显风流，舰载直升机部队从无到有，形成了系统配套的合同作战能力，充分展示了中国海军现代化阵容。

站在祖国“流动的国土”上，我对人民海军的发展前景充满信心，我对中华民族的未来充满信心！